21世纪高职高专
规划教材 / 公共课系列

计算机
文化基础

主编◎王　侃

副主编◎张　鹏　李世科

Computer
Culture Foundation

U0229992

中国人民大学出版社
·北京·

图书在版编目（CIP）数据

计算机文化基础/王侃主编．—北京：中国人民大学出版社，2016.8
21世纪高职高专规划教材·公共课系列
ISBN 978-7-300-23235-5

Ⅰ.①计… Ⅱ.①王… Ⅲ.①电子计算机—高等职业教育—教材 Ⅳ.①TP3

中国版本图书馆 CIP 数据核字（2016）第 186384 号

21 世纪高职高专规划教材·公共课系列
计算机文化基础
主　编　王　侃
副主编　张　鹏　李世科
Jisuanji Wenhua Jichu

出版发行	中国人民大学出版社		
社　　址	北京中关村大街 31 号	邮政编码	100080
电　　话	010 - 62511242（总编室）	010 - 62511770（质管部）	
	010 - 82501766（邮购部）	010 - 62514148（门市部）	
	010 - 62515195（发行公司）	010 - 62515275（盗版举报）	
网　　址	http://www.crup.com.cn		
	http://www.ttrnet.com（人大教研网）		
经　　销	新华书店		
印　　刷	北京七色印务有限公司		
规　　格	185 mm×260 mm　16 开本	版　次	2016 年 8 月第 1 版
印　　张	16 插页 1	印　次	2017 年 7 月第 2 次印刷
字　　数	331 000	定　价	30.00 元

前　言

随着时代和科技的高速发展，计算机已经渗透到社会生活的各个领域，计算机的应用已成为各学科发展的基础。因此，学习和掌握计算机基础知识和基本应用已成为当今社会的迫切要求，只有熟练掌握计算机应用的基本技能和操作技巧，才能站在时代的前列，适应社会发展的要求，成为一个新型的有用人才。为了适应和满足高职高专教育快速发展的需要，我们根据高职高专教育人才培养的目标及要求，遵循高职高专教育教学的特点，综合多年来在计算机教学实践中积累的丰富经验，采用"任务驱动"的教学理念，编写了本教材。

本教材在编写时以项目、任务为基础，在完成任务的过程中学习各知识点。本教材共分七个项目，项目一介绍计算机基础知识，主要内容包括计算机的发展、特点、应用与组成，以及数据在计算机中的表示和计算机病毒的概念；项目二介绍 Windows 7 基本操作，通过具体的案例介绍 Windows 7 中的基本概念及基本操作；项目三介绍 Word 2010 文字处理应用，主要讲述文字的录入和编辑、文档格式的编排、图文混排以及表格的编辑和处理等；项目四介绍 Excel 2010 电子表格应用，主要讲述电子表格的创建、编排和格式的设置，使用公式或函数对数据进行分析与处理，建立各种格式的图表等；项目五介绍 PowerPoint 2010 演示文稿制作，主要讲述幻灯片的静态制作与动态制作、幻灯片的放映和高级动画效果制作等；项目六介绍 Access 2010 数据库应用基础，主要讲述数据库与表的创建、记录的操作、查询的设计与创建等；项目七介绍计算机网络基础知识，主要介绍有关网络的基本概念、配置和管理等。

本教材的主要特点有：（1）理论与实践相结合，实用与技巧相结合；（2）任务驱动，采用案例教学模式组织内容；（3）图文并茂，重点突出，操作步骤详细、通俗易懂；（4）注重实用性和操作性。

本教材由王侃担任主编，编撰项目六和项目七，并负责全书框架的设计以及全书的统稿与整理工作。危锋编撰项目一和项目二，张鹏编撰项目四，李世科编撰项目五，胡晓锋、李怀磊编撰项目三。李怀磊负责全书的文字校对以及整理工作。

由于作者水平所限，书中难免存在不足之处，敬请专家与读者批评指正。

王侃
2016 年 5 月

目　录

项目一

计算机基础知识

　　计算机是一种能够自动、快捷、准确地实现信息存放、数值计算、数据处理、过程控制等多种功能的电子设备。20 世纪 40 年代计算机的出现极大地推动了科学技术的发展，80 年代微型计算机的出现，尤其是 90 年代互联网及 21 世纪移动互联网的迅速发展，使计算机的应用扩展到了人类生活的各个方面。同时，计算机也已经成为现代家庭必备的一件家用电器，选购计算机已经成为现代人必备的一项生活技能。

任务1　搜集计算机基础知识

任务描述

　　小李是某公司的白领，办公室里每个员工都配有专用的计算机。对于刚上班的小李来说，家里还需要一台计算机来完成在公司没有完成的工作。在购买计算机之前小李想通过查阅计算机相关书籍资料以及上网搜索信息，了解和掌握计算机的基本知识，并对搜集到的计算机发展信息进行详细整理和说明。

任务准备

- 计算机发展历史
- 计算机的特点
- 计算机工作原理
- 计算机内信息表示

任务实施

一、计算机发展历史

　　1946 年 2 月 14 日，由美国军方定制的世界上第一台电子计算机——电子数字积分式计算机（ENIAC，Electronic Numerical Integrator and Calculator）在美国宾夕法尼亚大学问世了（见图1—1）。ENIAC（中文名：埃尼阿克）是美国奥伯丁武器试验场为了满足计算弹道需要而研制成的，这台计算机使用了17 840支电子管，大小为80英尺×8英尺，重达28吨，功耗为170 kW，其运算速度为每秒5 000次的加法运算，造价约为487 000美元。ENIAC的问世具有划时代的意义，表明电子计算机时代的到来。ENIAC的诞生奠定了电子计算机的发展基础，开辟了信息时代，把人类社会推向了第三次产业革命的新纪元。

图1—1　世界上第一台计算机

自从第一台计算机问世以来，计算机发展极其迅速，根据计算机的性能和主要元器件，计算机的发展分为4代。

第1代：电子管数字机（1946—1958年）。其逻辑元件采用的是真空电子管，主存储器采用的是汞延迟线电子管数字计算机、阴极射线示波管静电存储器、磁鼓、磁芯，外存储器采用的是磁带。软件方面采用的是机器语言、汇编语言。其应用领域以军事和科学计算为主。其特点是体积大、功耗高、可靠性差。其运算速度慢（一般为每秒数千次至数万次）、价格昂贵，但为以后的计算机发展奠定了基础。

第2代：晶体管数字机（1958—1964年）。其逻辑元件采用的是晶体管，主存储器采用磁芯，计算速度从每秒几千次提高到几十万次，主存储器的存贮量从几千提高到10万以上。其应用领域以科学计算和事务处理为主，并开始进入工业控制领域。其特点是体积缩小，能耗降低，可靠性提高，运算速度提高（一般为每秒数十万次，可高达300万次），性能比第1代计算机有很大的提高。

第3代：集成电路数字机（1964—1970年）。其逻辑元件采用中、小规模集成电路（MSI、SSI），主存储器仍采用磁芯。其软件方面出现了分时操作系统以及结构化、规模化程序设计方法。其特点是运算速度更快（一般为每秒数百万次至数千万次），而且可靠性有了显著提高，价格进一步下降，产品走向了通用化、系列化和标准化等。其应用领域开始进入文字处理和图形图像处理领域。

第 4 代：大规模集成电路机（1970 年至今）。其逻辑元件采用大规模和超大规模集成电路（LSI 和 VLSI）。其软件方面出现了数据库管理系统、网络管理系统和面向对象语言等。其特点是 1971 年世界上第一台微处理器在美国硅谷诞生，开创了微型计算机的新时代。其应用领域从科学计算、事务管理、过程控制逐步走向家庭。

二、 计算机的特点

1. 运算速度快

计算机内部电路组成可以高速、准确地完成各种算术运算。当今计算机系统的运算速度已达到每秒万亿次，微机也可达每秒亿次以上，使大量复杂的科学计算问题得以解决。例如：计算机问世前，卫星轨道的计算、大型水坝的计算、24 小时天气的计算需要几年甚至几十年，而在现代社会里，用计算机只需几分钟就可完成。

2. 计算精确度高

科学技术的发展特别是尖端科学技术的发展，需要高度精确的计算。计算机控制的导弹之所以能准确地击中预定的目标，是与计算机的精确计算分不开的。一般计算机可以有十几位甚至几十位（二进制）有效数字，计算精度可由千分之几到百万分之几，是其他计算工具所望尘莫及的。

3. 逻辑运算能力强

计算机不仅能进行精确计算，还具有逻辑运算功能，能对信息进行比较和判断。计算机能把参与运算的数据、程序以及中间结果和最后结果保存起来，并能根据判断的结果自动执行下一条指令以供用户随时调用。

4. 存储容量大

计算机内部的存储器具有记忆特性，可以存储大量的信息。这些信息不仅包括各类数据信息，还包括加工这些数据的程序。

5. 自动化程度高

由于计算机具有存储记忆能力和逻辑判断能力，因此人们可以将预先编好的程序组纳入计算机内存。在程序控制下，计算机可以连续、自动地工作，不需要人的干预。

三、 计算机工作原理

1. 冯·诺依曼设计思想

计算机问世 60 年来，虽然现在的计算机系统从性能指标、运算速度、工作方式、应用领域和价格等方面与当时的计算机有很大的差别，但基本体系结构没有变，都属于冯·诺依曼计算机。冯·诺依曼设计思想的最重要之处在于他明确地提出了"程序存储"的概念。

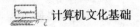

冯·诺依曼设计思想可以简要地概括为以下三点：

（1）计算机应包括运算器、存储器、控制器、输入设备和输出设备五大基本部件。

（2）计算机内部应采用二进制来表示指令和数据。每条指令一般具有一个操作码和一个地址码。其中，操作码表示运算性质，地址码指出操作数在存储器中的位置。

（3）将编好的程序和原始数据送入内存储器中，然后启动计算机工作，计算机应在不需要操作人员干预的情况下，自动逐条地取出指令和执行任务。

2. 计算机基本结构图

计算机基本结构图如图 1—2 所示。

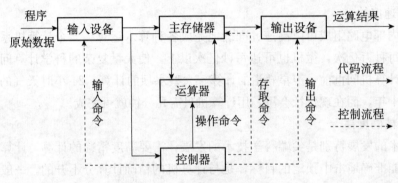

图 1—2 计算机基本结构图

输入设备在控制器控制下输入解题程序和原始数据，控制器从存储器中依次读出程序的一条条指令，经过译码分析，发出一系列操作信号以指挥运算器、存储器等部件完成所规定的操作功能，最后由控制器命令输出设备以适当的方式输出最终结果。这一切工作都是由控制器控制的，而控制器赖以控制的主要依据则是存放于存储器中的程序。人们常说，现代计算机采用的是存储程序控制方式，就是这个意思。

四、 计算机内信息表示

1. 计算机内数值表示方法

计算机世界是由 0 与 1 组成，其中有数以万计的线路，一条线路传递一个信号，而 0 代表没有信号，1 代表有信号，就像电源开关一样，同一时间只可能有一种状态。所以电脑最基本的单位就是一条线路的信号，我们把它称作"位"，英文叫做 bit，缩写为 b。位和字节其实都是电脑的计量单位，我们可以理解成字节是由位组成的，一个字节等于8 位，Byte 是字节的缩写。位这个单位太小，所以字节是电脑存储容量的基本计量单位。Byte 可简写为 B，一个字节由 8 个二进制位组成，其最小值为 0，最大值为 11111111，一个存储单元能存储一个字节的内容。表 1—1 为计算机单位换算表。

表 1—1   计算机单位换算表

Kilo（K）	1K Byte	=	2^{10}	1 024 Byte
Mega（M）	1M Byte	=	$2^{10} \times 2^{10}$	1 048 576 Byte
Giga（G）	1G Byte	·=	$2^{10} \times 2^{10} \times 2^{10}$	1 073 741 824 Byte
Tera（T）	1T Byte	=	$2^{10} \times 2^{10} \times 2^{10} \times 2^{10}$	1 099 511 627 776 Byte
Peta（P）	1P Byte	=	$2^{10} \times 2^{10} \times 2^{10} \times 2^{10} \times 2^{10}$	1 125 899 906 842 624 Byte
Exa（E）	1E Byte	=	$2^{10} \times 2^{10} \times 2^{10} \times 2^{10} \times 2^{10} \times 2^{10}$	1 152 921 504 606 846 976 Byte

根据表 1—1 可以算出，40 GB 的硬盘理论上可以存储 40×1 073 741 824 Byte＝42 949 672 960 Byte的数据，其实不然。

计算机中采用二进制，这样就造成在操作系统中对容量的计算是以每1 024为一进制的，每1 024 Byte 为 1 kB，每1 024 kB 为 1 MB，每 1 024 MB 为 1 GB；而硬盘厂商在计算容量时，则是以每1 000为一进制的，每1 000 Byte 为 1 kB，每1 000 kB 为 1MB，每 1 000 MB 为 1 GB。这二者进制上的差异造成了硬盘容量的缩水。

2. 计算机中进制转换

计算机中常用的数的进制主要有：二进制、八进制、十六进制。学习计算机要对其有所了解：

二进制，用两个阿拉伯数字：0，1；

八进制，用八个阿拉伯数字：0，1，2，3，4，5，6，7；

十进制，用十个阿拉伯数字：0~9；

十六进制就是逢 16 进 1，但我们只有 0~9 这十个数字，所以我们用 A，B，C，D，E，F 这六个字母来分别表示 10，11，12，13，14，15，字母不区分大小写。

本书以二进制和十进制之间的转换为例来讲解进制转换：

（1）二进制转换为十进制。

例如：将二进制"1101100"转换为十进制。

1101100 ←二进制数

6543210 ←排位方法

二进制转换为十进制的算法为：

$$1 * 2^6 + 1 * 2^5 + 0 * 2^4 + 1 * 2^3 + 1 * 2^2 + 0 * 2^1 + 0 * 2^0$$
$$= 64 + 32 + 0 + 8 + 4 + 0 + 0$$
$$= 108$$

说明：2 代表进制，后面的数是次方（从右往左数，从 0 开始）。

（2）十进制转换为二进制，转换步骤是：

步骤一，用 2 辗转相除至结果为 1；

步骤二，将余数和最后的 1 从下向上倒序写。

例如：将 108 转换为二进制，结果见表 1—2。

表1—2 进制转换

除式	商	余数	取数顺序
108/2	=54	余0	↑ 从下往上取数
54/2	=27	余0	
27/2	=13	余1	
13/2	=6	余1	
6/2	=3	余0	
3/2	=1	余1	
1/2	=0	余1	
十进制数108转换为二进制结果为			1101100

关键点：所有进制换算成十进制，关键在于各自的权值不同。

3. 计算机中字符表示方法

在计算机中，对非数值的文字和其他符号进行处理时，要对文字和符号进行数字化，即用二进制编码来表示文字和符号。其中西文字符最常用到的编码方案有 ASCII 编码和 EBCDIC 编码。对于汉字，我国也制定有相应的编码方案。

（1）ASCII 编码。微机和小型计算机中普遍采用 ASCII 码（American Standard Code for Information Interchange，美国信息交换标准代码）表示字符数据，该编码被 ISO（国际化标准组织）采纳，作为国际上通用的信息交换代码。见表1—3。

表1—3 ASCII 码表

ASCII 码值	控制字符	ASCII 码值	控制字符	ASCII 码值	控制字符	ASCII 码值	控制字符
0	NUL	32	(space)	64	@	96	`
1	SOH	33	!	65	A	97	a
2	STX	34	"	66	B	98	b
3	ETX	35	#	67	C	99	c
4	EOT	36	$	68	D	100	d
5	ENQ	37	%	69	E	101	e
6	ACK	38	&	70	F	102	f
7	BEL	39	'	71	G	103	g
8	BS	40	(	72	H	104	h
9	HT	41	)	73	I	105	i
10	LF	42	*	74	J	106	j
11	VT	43	+	75	K	107	k
12	FF	44	,	76	L	108	l
13	CR	45	—	77	M	109	m
14	SO	46	.	78	N	110	n
15	SI	47	/	79	O	111	o
16	DLE	48	0	80	P	112	p
17	DCI	49	1	81	Q	113	q
18	DC2	50	2	82	R	114	r

续前表

ASCII 码值	控制字符	ASCII 码值	控制字符	ASCII 码值	控制字符	ASCII 码值	控制字符
19	DC3	51	3	83	X	115	s
20	DC4	52	4	84	T	116	t
21	NAK	53	5	85	U	117	u
22	SYN	54	6	86	V	118	v
23	TB	55	7	87	W	119	w
24	CAN	56	8	88	X	120	x
25	EM	57	9	89	Y	121	y
26	SUB	58	:	90	Z	122	z
27	ESC	59	;	91	[	123	{
28	FS	60	<	92	\	124	|
29	GS	61	=	93	]	125	}
30	RS	62	>	94	`	126	~
31	US	63	?	95	—	127	DEL

ASCII 码由 7 位二进制数组成，因为 $2^7 = 128$，所以能够表示 128 个字符数据。参照如表 1—3 所示的 ASCII 码表，我们可以看出 ASCII 码具有以下特点：

1）表中前 32 个字符和最后一个字符为控制字符，在通信中起控制作用。

2）10 个数字字符和 26 个英文字母由小到大排列，且数字在前，大写字母次之，小写字母在最后，这一特点可用于字符数据的大小比较。

3）数字 0~9 由小到大排列，ASCII 码值分别为 48~57，ASCII 码值与数值恰好相差 48。

4）在英文字母中，A 的 ASCII 码值为 65，a 的 ASCII 码值为 97，且由小到大依次排列。因此，只要我们知道了 A 和 a 的 ASCII 码值，也就知道了其他字母的 ASCII 码值。

ASCII 码是 7 位编码，为了便于处理，我们在 ASCII 码的最高位前增加 1 位 0，凑成 8 位的一个字节，所以，一个字节可存储一个 ASCII 码，也就是说一个字节可以存储一个字符。ASCII 码是使用最广的字符编码，数据使用 ASCII 码的文件称为 ASCII 文件。

（2）国家标准汉字编码（GB2312-80）。国家标准汉字编码简称国标码。该编码集的全称是"信息交换用汉字编码字符集——基本集"，国家标准号是"GB2312-80"。该编码的主要用途是作为汉字信息交换码使用。

GB2312-80 标准含有 6 763 个汉字，其中：一级汉字（最常用）3 755 个，按汉语拼音顺序排列；二级汉字 3 008 个，按部首和笔画排列；另外还包括 682 个西文字符、图符。GB2312-80 标准将汉字分成 94 个区，每个区又包含 94 个位，每位存放一个汉字，这样一来，每个汉字就有一个区号和一个位号，所以我们也经常将国标码称为区位码。例如：汉字"青"在 39 区 64 位，其区位码是 3964；汉字"岛"在 21 区 26 位，其区位码是 2126。

国标码规定：一个汉字用两个字节来表示，每个字节只用前七位，最高位均未作定义。但我们要注意，国标码不同于 ASCII 码，并非汉字在计算机内的真正表示代码，它仅仅是一种编码方案，计算机内部汉字的代码叫做汉字机内码，简称汉字内码。

在微机中，汉字内码一般都是采用两字节表示，前一字节由区号与十六进制数 A0 相加，后一字节由位号与十六进制数 A0 相加，因此，汉字编码两字节的最高位都是 1，这种形式避免了国标码与标准 ASCII 码的二义性（用最高位来区别）。在计算机系统中，由于机内码的存在，输入汉字时就允许用户根据自己的习惯使用不同的输入码，进入计算机系统后再统一转换成机内码存储。

（3）其他汉字编码。除了我们前面谈到的国标码外，还有另外一些汉字编码方案。例如，在我国的台湾地区，就使用 Big5 汉字编码方案。这种编码就不同于我们的国标码，因此在双方的交流中就会涉及汉字内码的转换，特别是互联网的发展使人们更加关注这个问题。现在虽然已经推出了许多支持多内码的汉字操作系统平台，但是全球汉字信息编码的标准化已成为社会发展的必然趋势。

任务小结

本任务主要介绍了计算机的发展历史和主要特点、计算机系统工作原理以及计算机内部信息表示等。这些内容可以帮助初学者掌握计算机发展历史和计算机内部信息表示以及如何处理计算机指令。

任务2　了解计算机系统结构以及病毒防护

任务描述

小李在对计算机基本知识做了详细的整理和说明后，想要配置一台属于自己的计算机，计算机主要是放在家里供日常使用，主要用于娱乐、网络购物等。为买到一台让自己满意的计算机，小李通过查阅计算机相关书籍资料以及上网搜索信息，掌握了非常详细的计算机硬件配置信息和计算机系统结构以及病毒防护，并将搜集的详细信息进行了整理。

任务准备

- 计算机系统结构
- 计算机病毒防护

任务实施

一、计算机系统结构

计算机是由硬件系统（Hardware System）和软件系统（Software System）两部分组成的，如图1—3所示。

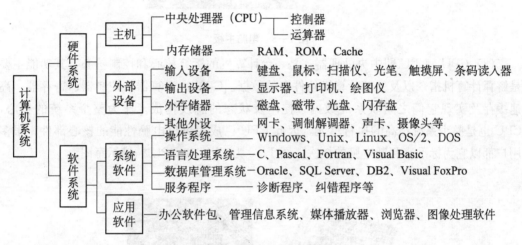

图 1—3　计算机系统组成图

1. 计算机硬件系统

（1）电源。电源是电脑中不可缺少的供电设备，它的作用是将220 V交流电转换为电脑中使用的5 V、12 V、3.3 V直流电。其性能的好坏直接影响到其他设备工作的稳定性，进而会影响整机的稳定性。图1—4为电脑电源示意图。

图 1—4　电脑电源

（2）主板。主板是电脑中各个部件工作的一个平台，它把电脑的各个部件紧密连接在一起，各个部件通过主板进行数据传输。也就是说，电脑中重要的"交通枢纽"都在主板上，它工作的稳定性影响着整机工作的稳定性。图 1—5 为电脑主板示意图。

图 1—5　电脑主板

（3）CPU。CPU 即中央处理器，是一台计算机的运算核心和控制核心。其功能主要是解释计算机指令以及处理计算机软件中的数据。CPU 由运算器、控制器、寄存器、高速缓存及实现它们之间联系的数据、控制及状态的总线构成。作为整个系统的核心，CPU 也是整个系统最高的执行单元，因此 CPU 已成为决定电脑性能的核心部件，很多用户都以它为标准来判断电脑的档次。图 1—6 为 CPU 和 CPU 插槽示意图。

图 1—6　CPU 和 CPU 插槽

（4）内存。内存又叫内部存储器或者是随机存储器（RAM），分为 DDR 内存和 SDRAM 内存（但是 SDRAM 由于容量低，存储速度慢，稳定性差，已经被 DDR 淘汰）。内存属于电子式存储设备，它由电路板和芯片组成，特点是体积小，速度快，有电可存，无电清空，即电脑在开机状态时内存中可存储数据，关机后将自动清空其中的所有数据。内存有 DDR、DDR Ⅱ、DDR Ⅲ三大类，容量为 1～128 GB。台式机和笔记本的内存条尺寸上是不一样的，图 1—7 为台式机内存条和笔记本内存条示意图。

图 1—7　台式机内存条和笔记本内存条

（5）硬盘。硬盘属于外部存储器，机械硬盘由金属磁片制成，而磁片有记忆功能，所以储存到磁片上的数据，不论电脑是在开机状态还是关机状态，都不会丢失。硬盘容量很大，已达 TB 级，尺寸有 3.5 英寸、2.5 英寸、1.8 英寸、1.0 英寸等，接口有 IDE、SATA、SCSI 等，SATA 最普遍。固态硬盘在产品外形和尺寸上也完全与普通硬盘一致，但是固态硬盘比机械硬盘速度更快。图 1—8 为机械硬盘及硬盘内部构造示意图。

图 1—8　机械硬盘及硬盘内部构造

（6）声卡。声卡是组成多媒体电脑必不可少的一个硬件设备，其作用是当发出播放命令后，声卡将电脑中的声音数字信号转换成模拟信号送到音箱上发出声音。图 1—9 为声卡示意图。

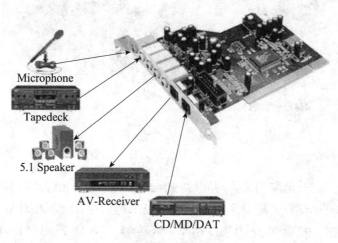

图 1—9　声卡

（7）显卡。显卡在工作时与显示器配合输出图形、文字。其作用是将计算机系统所需要的显示信息进行转换驱动，并向显示器提供行扫描信号，控制显示器的正确显示，是连接显示器和个人电脑主板的重要元件，是"人机对话"的重要设备之一。图 1—10 为显卡示意图。

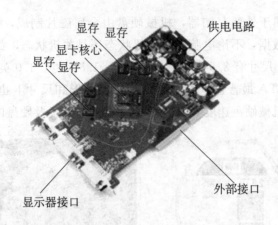

显存 显存
显卡核心
显存 显存
供电电路
显示器接口
外部接口

图 1—10 显卡

(8) 网卡。网卡是工作在数据链路层的网路组件，是局域网中连接计算机和传输介质的接口，不仅能实现与局域网传输介质之间的物理连接和电信号匹配，还涉及帧的发送与接收、帧的封装与拆封、介质访问控制、数据的编码与解码以及数据缓存的功能等。网卡的作用是充当电脑与网线之间的桥梁，它是用来建立局域网并连接到互联网的重要设备之一。在整合型主板中常把声卡、显卡、网卡部分或全部集成在主板上。图 1—11 为网卡示意图。

RJ45网线接口

图 1—11 网卡

(9) 光驱。光驱是电脑用来读写光碟内容的机器，也是在台式机和笔记本便携式电脑里比较常见的一个部件。随着多媒体的应用越来越广泛，光驱在计算机诸多配件中已经成为标准配置。光驱可分为 CD-ROM 驱动器、DVD 光驱（DVD-ROM）、康宝（COMBO）和 DVD 刻录机（DVD-RAM）等。读写的能力和速度也日益提升，有 4×、16×、32×、40×、48×、52×（一个"×"代表读写速度为 150 kB/s）。图 1—12 为笔记本和台式机 DVD 刻录光驱示意图。

图 1—12　笔记本和台式机 DVD 刻录光驱

（10）显示器。显示器有大有小，有薄有厚，品种多样，其作用是把电脑处理完的结果显示出来。它是一个输出设备，是电脑必不可缺少的部件之一。显示器分为 CRT、LCD、LED 三大类，接口有 VGA、DVI 两类。图 1—13 为显示器示意图。

图 1—13　显示器

（11）键盘。键盘分为有线和无线两种形式。键盘是主要的人工学输入设备，通常为 104 或 105 键，用于将文字、数字等输到电脑上，以及对电脑进行操控。图 1—14 为常用键盘示意图。

图 1—14　键盘

（12）鼠标。当移动鼠标时，电脑屏幕上就会有一个箭头指针跟着移动，并可以很准确地指到想指的位置，快速地在屏幕上定位，它是人们使用电脑时不可缺少的部件之一。

键盘鼠标接口有 PS/2 和 USB 两种。硬件的鼠标分为有线和无线两种形式。图 1—15 为无线鼠标和有线鼠标示意图。

图 1—15　无线鼠标和有线鼠标

2. 计算机软件系统

软件是指为方便使用计算机和提高使用效率而组织的程序以及用于开发、使用和维护的有关文档。软件系统可分为系统软件和应用软件两大类。

（1）系统软件。系统软件由一组控制计算机系统并管理其资源的程序组成，其主要功能包括：启动计算机，存储、加载和执行应用程序，对文件进行排序、检索，将程序语言翻译成机器语言等。实际上，系统软件可以看作用户与计算机的接口，它为应用软件和用户提供了控制、访问硬件的手段，这些功能主要由操作系统完成。此外，编译系统和各种工具软件也属此类，它们从另一方面辅助用户使用计算机。下面分别介绍它们的功能。

1）操作系统。操作系统是管理、控制和监督计算机软、硬件资源协调运行的程序系统，由一系列具有不同控制和管理功能的程序组成。它是直接运行在计算机硬件上的、最基本的系统软件，是系统软件的核心。操作系统是计算机发展中的产物，它的主要目的有两个：一是方便用户使用计算机，是用户和计算机的接口，比如用户输入一条简单的命令就能自动完成复杂的功能，这就是操作系统帮助的结果；二是统一管理计算机系统的全部资源，合理组织计算机工作流程，以便充分、合理地发挥计算机的效率。

微机操作系统随着微机硬件技术的发展而发展，从简单到复杂。微软公司开发的 DOS 是单用户单任务系统，而 Windows 操作系统则是多用户多任务系统，经过十几年的发展，已从 Windows 3.1 发展为 Windows NT、Windows 2000、Windows XP、Windows Vista、Windows 7、Windows 8 和 Windows 10 等系统。Windows 操作系统是当前微机中广泛使用的操作系统之一。Linux 是一个源代码公开的操作系统，程序员可以根据自己的兴趣和灵感对其进行改变，这让 Linux 吸收了无数程序员的精华，不断壮大，已被越来越多的用户所采用，是 Windows 操作系统强有力的竞争对手。

2）语言处理系统（翻译程序）。人和计算机交流信息使用的语言称为计算机语言或称程序设计语言。计算机语言通常分为机器语言、汇编语言和高级语言三类。如果要在计算机上运行高级语言程序就必须配备程序语言翻译程序（简称翻译程序）。翻译程序本

16

身是一组程序，不同的高级语言都有相应的翻译程序。

3）服务程序。服务程序能够提供一些常用的服务性功能，它们为用户开发程序和使用计算机提供了方便，像微机上经常使用的诊断程序、调试程序、编辑程序均属此类。

4）数据库管理系统。数据库是指按照一定联系存储的数据集合，可为多种应用共享。数据库管理系统（Data Base Management System，DBMS）则是能够对数据库进行加工、管理的系统软件。其主要功能是建立、消除、维护数据库及对库中的数据进行各种操作。

（2）应用软件。为解决各类实际问题而设计的程序系统称为应用软件。从其服务对象的角度，应用软件又可分为通用软件和专用软件两类。

二、 计算机病毒防护

1. 计算机病毒的定义

计算机病毒，是指在计算机程序中插入的破坏计算机功能或者破坏数据，影响计算机使用并且能够自我复制的一组计算机指令或程序代码。

2. 计算机病毒的特性

（1）计算机病毒的程序性（可执行性）。计算机病毒与其他合法程序一样，是一段可执行的程序，但它不是一个完整的程序，而是寄生在其他可执行程序上，因此它享有一切程序所能得到的权力。病毒在运行时，与合法程序争夺系统的控制权。计算机病毒只有当它在计算机内得以运行时，才具有传染性和破坏性。也就是说，计算机 CPU 的控制权是关键问题。

（2）计算机病毒的传染性。传染是病毒的基本特征。计算机病毒是一段人为编制的计算机程序代码，这段程序代码一旦进入计算机并得以执行，就会搜索其他符合其传染条件的程序或者储存介质，确定目标后再将自身代码插入其中，达到自我繁殖的目的。只要一台计算机感染病毒，如不及时处理，那么病毒就会在这台计算机上迅速扩散，其中的大量文件会被感染。而被感染的文件又成为新的传染源，再与其他机器进行数据交换或通过网络接触，病毒会继续进行传染。

（3）计算机病毒的潜伏性。潜伏性的第一种表现是指，病毒程序不用专用检测程序是检查不出来的，因此病毒可以潜伏在磁盘或磁带里几天，甚至几年，一旦时机成熟，得到运行机会，就又要四处繁殖、扩散，继续危害。潜伏性的第二种表现是指，计算机病毒的内部往往有一种触发机制，不满足触发条件时，计算机病毒除了传染外没有别的破坏。触发条件一旦得到满足，有的在屏幕上显示信息、图形或特殊标识，有的则执行破坏系统的操作，如格式化磁盘、删除磁盘文件、对数据文件进行加密、封锁键盘以及使系统死锁等。

（4）计算机病毒的可触发性。因某个事件或数值的出现，诱使病毒实施感染或进行攻击的特性称为可触发性。为了隐藏自己，病毒必须潜伏，少做动作。如果完全不动，一直潜伏，病毒既不能感染也不能进行破坏，便失去了杀伤力。病毒既要隐藏又要维持杀伤力，它必须具有可触发性。

（5）计算机病毒的破坏性。所有的计算机病毒都是一种可执行程序，而这一可执行程序又必然要运行，所以对系统来讲，所有的计算机病毒都存在一个共同的危害，即降低计算机系统的工作效率，占用系统资源。同时计算机病毒的破坏性主要取决于计算机病毒设计者的目的，如果病毒设计者的目的在于彻底破坏系统的正常运行，那么这种病毒对于计算机系统进行攻击造成的后果是难以估计的，它可以毁掉系统的部分数据，也可以破坏全部数据并使之无法恢复。

（6）计算机病毒攻击的主动性。病毒对系统的攻击是主动的，不以人的意志为转移。也就是说，从一定程度上讲，计算机系统无论采取多么严密的保护措施都不可能彻底地消除病毒对系统的攻击，而保护措施充其量是一种预防的手段而已。

（7）计算机病毒的隐藏性。计算机病毒的隐藏性表现为两个方面：一是传染的隐藏性，一般不具有外部表现，不易被人发现；二是病毒程序存在的隐藏性，一般的病毒程序都夹在正常程序之中，很难被发现，而一旦病毒发作出来，往往已经给计算机系统造成了不同程度的破坏。

3. 计算机病毒的传播途径

（1）通过移动存储设备传播。计算机病毒可以通过可移动的存储设备进行传播。常见的移动存储设备有硬盘、软盘、磁带、光盘、移动硬盘和优盘等，其中优盘和光盘对病毒的传播最为严重。

（2）通过网络传播。随着互联网的发展，病毒的传播也增加了新的途径。它的发展使病毒的传播更迅速，使病毒造成灾难性危害，反病毒的任务更加艰巨。带有计算机病毒的电子邮件或文件（软件）被下载或接收后打开或运行，病毒就会传染到相关的计算机上。今后计算机网络将是计算机病毒传播的主要途径。

（3）通过通信系统传播。通过点对点通信系统和无线通信信道也可以传播计算机病毒。目前出现的手机病毒就是利用无线信道传播的。虽然目前这种传播途径还不十分广泛，但以后可能成为仅次于计算机网络的第二大病毒扩散渠道。

4. 计算机病毒的预防

（1）养成良好的使用计算机的习惯。

1）浏览互联网网页文件时，不要打开来历不明的电子邮件和不太了解的网站。从互联网下载的文件或软件要经杀毒处理后再打开或安装使用。

2）有许多网络病毒就是通过猜测简单密码的方式攻击系统的，因此一定要使用强度大的密码。密码长度最好不少于8位字符，而且最好是由字母、数字和特殊字符组合而成。

3）尽量做好数据备份，尤其是对关键性数据，其重要性有时比安装防御产品更有效。

（2）做好病毒预防。计算机病毒一旦发作，系统和数据都会受到威胁。因此病毒预防是防治计算机病毒最经济、有效的措施。预防计算机病毒的主要措施有：

1）利用安全卫士软件打全系统补丁。安装正版的杀毒软件和防火墙，并及时升级到最新版本。安装网络版杀毒软件的用户，要在安装软件时将其设定为自动升级。

2）关闭不必要的共享或将共享资源设为只读状态。使用即时通信工具的时候，不要随意接收好友发来的文件。经常用杀毒软件检查硬盘和每一张外来盘。

3）应用入侵检测系统，检测超过授权的非法访问和来自网络的攻击。

（3）定期进行查杀毒。计算机用户要充分和正确地使用杀毒软件，定期查杀计算机病毒。若发现计算机已经感染病毒，应立即进行病毒清除。

任务小结

本任务主要介绍了计算机的硬件系统和软件系统两大系统结构，并对计算机硬件系统的组成进行了详细介绍和说明，同时对计算机软硬件系统如何实现病毒防护做了有针对性的介绍等。这些内容可以帮助初学者掌握计算机系统结构以及指导拥有计算机的用户如何进行有效的病毒防护。

项目小结

本项目主要介绍了计算机的发展、特点、应用和未来发展趋势，详细介绍了计算机的硬件系统和软件系统的组成，并介绍了计算机 ASCII 码、汉字编码和数值的编码方式以及计算机系统的病毒防护技巧。

通过本项目的学习，同学们可以对计算机有一个清晰的认识，能够掌握计算机系统结构和主要硬件设备。同学们可以通过计算机内信息的表示了解计算机是如何表示现实世界的。同学们通过学习可以掌握计算机病毒的基本防护方法和措施，促进养成良好的使用习惯。

思考与练习

一、选择题

1. 60 多年来，根据____的发展，一般将计算机的发展分为 4 个阶段。

   A. 电子器件   B. 电子管

   C. 主存储器   D. 外存储器

2. 世界上第一台电子计算机 ENIAC 以＿＿＿为基本部件。

    A. 电子管   B. 晶体管

    C. 集成电路   D. 大规模或超大规模集成电路

3. 计算机之所以能按人们的意图自动地进行操作，主要是因为采用了＿＿＿。

    A. 存储程序和程序控制   B. 高级语言

    C. 二进制编码   D. 高速的电子元器件

4. 只能作为计算机输入设备的是＿＿＿。

    A. 鼠标   B. 磁盘驱动器

    C. 显示器   D. 磁带存储器

5. 完整的计算机系统包括＿＿＿。

    A. CPU 和存储器   B. 主机和实用程序

    C. 主机和外部设备   D. 硬件系统和软件系统

6. 微型计算机硬件系统中最核心的部件是＿＿＿。

    A. 主板   B. CPU   C. 内存储器   D. I/O 设备

7. 在微型计算机上运行一个程序时，如果内存容量不够，可以解决的方法是＿＿＿。

    A. 将硬盘换成光盘   B. 增加扩展存储卡

    C. 换块大容量硬盘   D. 将低密度软盘换成高密度软盘

8. ASCII 是＿＿＿位二进制编码。

    A. 7   B. 8   C. 12   D. 16

9. 计算机对汉字进行处理和存储时使用汉字的＿＿＿。

    A. 字形码   B. 机内码   C. 输入码   D. 国标码

10. 发现计算机病毒后，较为彻底的清除方法是＿＿＿。

    A. 删除磁盘文件   B. 格式化磁盘

    C. 用查毒软件处理   D. 用杀毒软件处理

二、 简答题

1. 组装一台计算机，应注意哪些问题？

2. 计算机的系统构成里是软件重要还是硬件重要？

3. 计算机的安全防护需要做到哪几点？

三、 实训任务

实训考核：文字录入练习

艾伦·麦席森·图灵（Alan Mathison Turing，1912 年 6 月 23 日—1954 年 6 月 7 日），英国数学家、逻辑学家，被称为计算机之父、人工智能之父。1931 年图灵进入剑桥大学国王学院，毕业后到美国普林斯顿大学攻读博士学位，第二次世界大战爆发后回到剑桥大学，后曾协助军方破解德国的著名密码系统 Enigma，帮助盟军取得了第二次世界大战的胜利。图灵对于人工智能的发展有诸多贡献，提出了一种用于判定机器是否具有智能的试验方法，即图灵试验，至今，每年都有试验的比赛。此外，图灵提出的著名的图灵机模型为现代计算机的逻辑工作方式奠定了基础。

图灵奖（A. M. Turing Award，又译"杜林奖"）由美国计算机协会（ACM）于 1966 年设立，又叫"A. M. 图灵奖"，专门奖励那些对计算机事业作出重要贡献的个人。由于图灵奖对获奖条件要求极高，评奖程序又是极严，一般每年只奖励一名计算机科学家，只有极少数年度有两名合作者或在同一方向作出贡献的科学家共享此奖。因此它是计算机界最负盛名、最崇高的一个奖项，有"计算机界的诺贝尔奖"之称。

从 1966 年到 2015 年，图灵奖共举办 50 届，有 64 名获奖者，按国籍分，美国学者最多，欧洲学者偶见之，华人学者目前仅有 2000 年得主姚期智（现在清华大学）。据相关资料统计，截至 2016 年 4 月，美国著名学府加州大学伯克利分校的图灵奖人数（校友或教职工）位列世界第一（22 位），斯坦福大学的图灵奖人数位列世界第二（20 位），排名世界第三的是美国麻省理工学院（18 位），哈佛大学（13 位）和卡耐基梅隆大学（12 位）分列世界第四和第五。

实训要求：

1. 采用自己最熟悉的输入法；
2. 争取在 15 分钟之内完成所有文字的录入。

项目二

Windows 7 基本操作

任务1　了解 Windows 7 基本知识

任务2　Windows 7 的基本设置操作

Windows 7 是由微软公司 2009 年 10 月 22 日于美国、2009 年 10 月 23 日于中国正式发布开发的、具有革命性变化的操作系统。该系统旨在让人们的日常电脑操作更加简单和快捷，为人们提供高效、易行的工作环境。Windows 7（开发代号：Blackcomb 以及 Vienna，后更改为"7"）可供家庭及商业工作环境、笔记本电脑、平板电脑、多媒体中心等使用。Windows 7 做了许多方便用户的设计，如快速最大化、窗口半屏显示、跳转列表（Jump List）、系统故障快速修复等，这些新功能令 Windows 7 成为最易用的 Windows。

了解 Windows 7 基本知识

任务描述

小李购买了一台计算机，该计算机中已经预装 Window 7 操作系统，但是小李不知道操作系统是什么，也不知道有什么作用。

任务准备

- 操作系统的发展历史
- 操作系统的分类
- 操作系统的作用

任务实施

一、操作系统的发展历史

1. Windows 1.0

微软第一版操作系统 Windows 1.0 于 1985 年问世，其最重要的成绩就是将图形用户界面和多任务技术引入了桌面计算领域。这个系统的设计工作花费了 55 个开发人员整整一年的时间。Windows 1.0 中鼠标的作用得到特别的重视，系统还自带了一些简单的应用程序。

2. Windows 3.0

1990 年微软公司推出的 Windows 3.0 对微软操作系统来说是个重要的里程碑，它确定了 Windows 系统在 PC 领域的垄断地位。Windows 3.0 由于在界面、人性化、内存管理等方面的巨大改进，终于获得用户认可。随后微软公司趁热打铁，1992 年推出 Windows 3.1，其不仅采用了窗口概念，在内存管理上也取得了突破性进展，使应用程序可超过常规内存空间限制，发布 2 个月就创造了超 100 万份的销量。

3. Windows 95

Windows 95 第一次引进了"开始"按钮和任务栏，这些元素成为后来 Windows 系统的标准功能。另外，Windows 95 还引进了 Microsoft Network，后者是微软公司试水联网服务的处女作。而且 Windows 95 抛弃了 16 位×86 的支持，变为混合系统。为给 Windows 95 做广告，微软公司花费了惊人的 3 亿美元。Windows 95 问世后不久，IE 首次登上历史舞台。

4. Windows 98

Windows 98 全面集成了互联网标准，以互联网技术统一并简化桌面，使用户能够更快捷、简易地查找及浏览存储在个人电脑及网上的信息。另外，Windows 98 速度更快，稳定性更佳。通过提供全新自我维护和更新功能，Windows 98 可以免去用户的许多系统管理工作，使用户专注于工作或游戏。

5. Windows XP

2001 年微软公司发布的 Windows XP 不管是外观还是给用户的感觉，与前几代都很不一样。XP 表示英文单词的"体验"（experience）。微软公司尝试把所有用户需求放入一个系统，包括把很多以前是由第三方提供的软件如防火墙、媒体播放器、即时通信工具等整合进来。此外，Windows XP 引入了一个"选择任务"的用户界面，使用户可以通过工具条访问任务细节。Windows XP 由于具有稳定性、兼容性好和系统配置要求低等特征，因此成为微软公司推出的寿命最长的系统。

6. Windows Vista

Windows Vista 换上了一个更现代化的界面，微软公司称之为"Aero"；还增加了一些安全功能，改善了搜索功能，在视觉上也比 XP 更好看。另外，微软公司还调整了某些内置的工具和娱乐软件。Windows Vista 在发布前所花费的准备时间比前几代 Windows 系统都要长，但吃力不讨好，用户对 Windows Vista 新增的某些功能并不买账，它对硬件提出更高的要求也令用户反感。用户抱怨的问题主要集中在软件的稳定性、对旧软件的兼容性及升级成本。

7. Windows 7

微软公司对 Windows Vista 进行了去其糟粕、取其精华的改进，采用了更加人性化的设计，在安全系统上也有所改良，且大幅缩减了系统的启动时间，和 Windows Vista 的 40 多秒相比，是一个很大的进步。在功能方面，Windows 7 也让搜索和使用信息更加简单。到 2012 年 9 月，Windows 7 的占有率已超越 Windows XP，成为世界上占有率最高的电脑操作系统。彼时，Windows 7 已成为更实用、功能更全面的锤子工具。

8. Windows 8

2011 年 9 月 14 日，微软公司发布 Windows 8 开发者预览版，宣布兼容移动终端，其将苹果的 iOS、谷歌的 Android 视为 Windows 8 在移动领域的主要对手。Windows 8 最大的成就是将微软操作系统领入了平板电脑时代，它的界面是专为触摸式控制而设计的。这一系统极大地改变了用户习惯，在这一系统中，"开始"按钮消失，程序列表变样，两种界面下应用不互通……类似的变化数不胜数，以至于用户连如何关机都不知道，其结局可想而知。作为劳动工具来说，这版系统甚至是在退化。

9. Windows 10

2015 年 1 月 21 日，Windows 10 消费者预览版发布。新版的 Windows 10 整体重置了 Windows 8 的设计，恢复了"开始"菜单，新增了虚拟桌面功能，在 Windows 8 中新增加的 Metro 应用在 Windows 10 下也改用窗口方式呈现。因此 Windows 10 系统被微软公司寄予厚望，被认为是微软移动生态成败的最后一搏。

二、 操作系统的分类

1. 批处理操作系统

批处理操作系统（Batch Processing Operating System，BPOS）的工作方式是：用户将作业交给系统操作员，系统操作员将许多用户的作业组成一批作业，之后输入计算机中，在系统中形成一个自动转接的连续的作业流，然后启动操作系统，系统自动、依次执行每个作业，最后由操作员将作业结果交给用户。批处理操作系统的特点是：多道和成批处理。

2. 分时操作系统

分时操作系统（Time Sharing Operating System，TSOS）的工作方式是：一台主机连接了若干个终端，每个终端有一个用户在使用。用户交互式地向系统提出命令请求，系统接受每个用户的命令，采用时间片轮转的方式处理服务请求，并通过交互方式在终端上向用户显示结果。用户根据上步结果发出下道命令。

3. 实时操作系统

实时操作系统（Real Time Operating System，RTOS）是指使计算机能及时响应外部事件的请求，在规定的严格时间内完成对该事件的处理，并控制所有实时设备和实时任务协调一致地工作的操作系统。实时操作系统要追求的目标是：对外部请求在严格时间范围内作出反应，有高可靠性和完整性。其主要特点是资源的分配和调度首先要考虑实时性然后才是效率。此外，实时操作系统应有较强的容错能力。

4. 网络操作系统

网络操作系统（Network Operating System，NOS）是通常运行在服务器上的操作系统，此操作系统是基于计算机网络的，带有在各种计算机操作系统上按网络体系结构协议标准开发的软件，包括网络管理、通信、安全、资源共享和各种网络应用。其目标是相互通信及资源共享。流行的网络操作系统有：Linux，Unix，BSD，Windows Server，Mac OS X Server，Novell NetWare 等。

5. 分布式操作系统

分布式操作系统（Distributed Operating Systems，DOS）是为分布计算系统配置的操作系统。大量的计算机通过网络被联结在一起，可以获得极高的运算能力及广泛的数据共享。分布式操作系统是网络操作系统的更高形式，它保持了网络操作系统的全部功能，而且具有透明性、可靠性和高性能等特点。

三、 操作系统的作用

操作系统（Operating System，OS）是管理和控制计算机硬件资源与软件资源的计算机程序，是直接运行在"裸机"上的最基本的系统软件，任何其他软件都必须在操作系统的支持下才能运行。

操作系统的主要作用体现在两个方面：

（1）屏蔽硬件物理特性和操作细节，为用户使用计算机提供了便利；

（2）有效管理系统资源，提高系统资源的使用效率。

任务小结

本任务主要通过介绍微软操作系统的发展历史让同学们了解我们所使用的操作系统的发展过程，同时学习掌握操作系统的分类和操作系统在实际的计算机使用过程中起到的作用。

任务2 Windows 7 的基本设置操作

任务描述

小李通过前面的学习和了解掌握了操作系统的发展历史、分类和作用等方面的知识。

Windows 7 是微软操作系统史上最值得期待的产品之一，它基于 Windows Vista，弥补了此前存在的诸多缺憾，增加了大量新功能，而且资源消耗更少。但是 Windows 7 如何根据用户的需求进行个性化设置以达到最佳的使用效果，是摆在小李面前的一个新的任务。

任务准备

- Windows 7 桌面及任务栏的操作
- Windows 7 的窗口与对话框
- Windows 7 菜单、工具栏和快捷方式
- Windows 7 的功能操作
- Windows 7 的键盘、鼠标操作及中英文输入

任务实施

一、 Windows 7 桌面及任务栏的操作

1. 桌面

所谓桌面，就是指登录到 Windows 7 之后用户所看到的整个屏幕。它是操作计算机的基本界面，也可以认为是窗口、图标、对话框等所有其他操作环境的屏幕背景。

2. 任务栏

默认状态下，屏幕底部显示的就是任务栏，基本界面如图 2—1 所示。

"开始"按钮　快速启动区　　　　　　　　　活动任务区　　　　　　　　　语言栏　系统通知区　显示桌面按钮

图 2—1　任务栏

任务栏的构成元素有：

"开始"按钮：在任务栏的最左端，单击该按钮可以打开"开始"菜单，用户可以通过"开始"菜单启动应用程序或选择需要的菜单命令完成特定的操作。

快速启动区：位于"开始"菜单右侧，用于显示最常用的程序图标，单击该图标则快速启动该应用程序。根据用户需要，可以将其他地方的图标拖动到快速启动区中，也可以将快速启动区中的图标拖出，或删除、调整前后位置等。

活动任务区：用于显示当前正在运行的应用程序或打开的文件夹窗口。

语言栏：用于输入方法的设置、切换。单击语言栏区域最后位置上的"还原"按钮，则将语言栏脱离任务栏。语言栏脱离任务栏后"还原"按钮位置出现的是"最小化"按钮，单击它则将语言栏还原到任务栏上。

系统通知区：用于显示时钟、音量及一些告知特定程序和计算机设置状态的图标。

显示桌面按钮：用于在当前打开的窗口与桌面之间进行切换。

提示： **任务栏的设置**

当任务栏没有锁定时，可以将任务栏拖动到屏幕的左右两边或上边，也可以通过拖动任务栏边缘来改变任务栏的大小。若要锁定任务栏，可在任务栏上单击鼠标右键，在弹出的快捷菜单中选择"锁定任务栏"。锁定任务栏后，任务栏的位置及大小均不能再改变。另外，可以对任务栏、"开始"菜单等进行设置、修改，设置方法为：用右键单击任务栏中的空白处，在弹出的快捷菜单中选择"属性"功能，则弹出如图2—2所示的"任务栏和'开始'菜单属性"对话框。

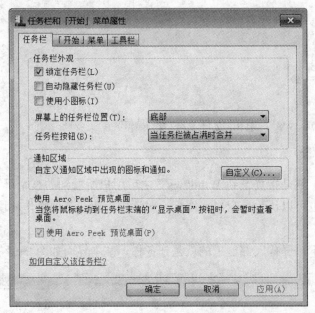

图2—2 "任务栏和'开始'菜单属性"对话框

3. 图标

任务栏的上方显示了一些图标，它由一个形象的小图片和说明文字组成。Windows系统中都是通过图标来表示不同的操作对象或应用程序的。其中在桌面上最常见的两个图标是：

（1）"回收站"图标：用来存放用户删除的本机硬盘中的文件、文件夹等对象。

（2）"计算机"图标：用来查看和管理计算机中的软、硬件资源以及设置用户工作环境。

在用户安装了应用软件后，一般会自动在桌面上建立相应的图标。用户也可以根据自己的需要在桌面上手动添加或删除图标。

4. 显示属性的设置

（1）在桌面空白处单击鼠标右键，在弹出的快捷菜单中单击"个性化"菜单，则弹出如图 2—3 所示的"外观个性化设置"对话框，可以进行各种属性的设置。一般来说，用户如果要根据自己的喜好设置显示属性，则首先应选择主题，然后再做其他修改。屏幕保护程序是在一段指定的时间内用户没有对计算机进行任何操作时，屏幕上出现的图案。单击左侧导航窗格中的"更改桌面图标"链接可以控制在桌面上显示或隐藏某些图标，如"计算机"、"回收站"图标。

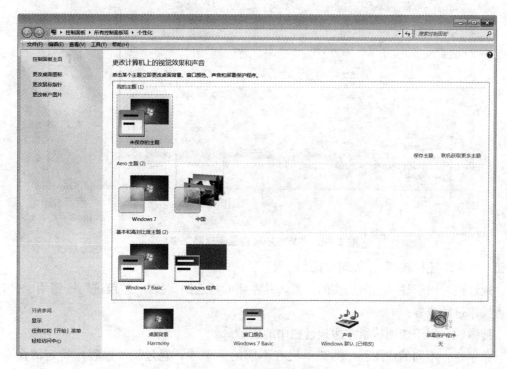

图 2—3　外观个性化设置

（2）在桌面空白处单击鼠标右键，在弹出的快捷菜单中单击"小工具"，可以在桌面上显示"时钟"、"日历"、"天气"等 Windows 7 系统自带的小程序。

（3）在桌面空白处单击鼠标右键，在弹出的快捷菜单中单击"屏幕分辨率"，可以设置显示器的分辨率等参数。不过对于液晶显示器而言这个设置没有什么价值，因为自动设置的一般就是最优的了。

二、Windows 7 的窗口与对话框

窗口是在运行程序时屏幕上显示信息的一块矩形区域。Windows 7 中的每一个应用程序运行后，都以窗口的形式呈现给用户。

1. 窗口的组成

图 2—4 所示的是"Windows 资源管理器"窗口。其他窗口的构成元素与之类似。

"Windows 资源管理器"窗口的组成元素有：

标题栏：位于窗口最上方，主要是标识窗口的应用程序名或当前文件、文件夹名称。图 2—4 所示的资源管理器窗口没有标题文字，标题栏的右侧依次是最小化按钮、最大化

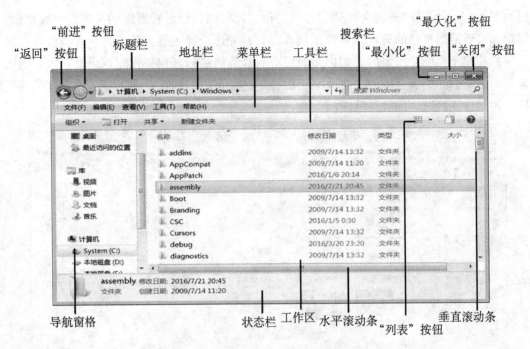

图 2—4   "Windows 资源管理器"窗口

按钮（或向下还原按钮）、关闭按钮。

地址栏：用于显示当前操作的位置，其左侧的"返回"按钮、"前进"按钮用于打开最近操作过的位置。

搜索栏：用于快速搜索左边地址栏中的资源。

菜单栏：不同的应用程序的菜单栏有不同的菜单项，它包括了该程序特定的命令。菜单栏上的每一项均可打开相应命令的下拉菜单。在 Windows 7 操作系统窗口中，按下"Alt"键可以显示或隐藏菜单栏。

工具栏：以工具按钮的方式实现菜单栏中某些常用菜单项的功能。不同应用程序的工具栏会有所区别。

工作区：是用户实际工作的区域，不同应用程序的工作区不同。

状态栏：显示一些与当前操作相关的提示信息。

滚动条：当工作区不能完全显示全部内容时，系统会自动出现垂直、水平滚动条，供用户查看时使用。

导航窗格：位于窗口的左侧区域，其中一般包含"收藏夹"、"库"、"计算机"、"网络" 4 个项目，单击这 4 个项目前面的符号可以展开这些项目，然后就可以单击操作展开的列表项了。要注意的是，展开后再单击项目前面的符号则折叠回收，会隐藏项目下面的内容。

2. 窗口的基本操作

对于窗口来说，可以进行移动、调整大小、最大化/还原/最小化/关闭、切换等操作。

（1）移动。移动就是改变窗口的位置，在没有最大化窗口的情况下，可以通过用鼠标拖动窗口的标题栏来实现。

（2）调整大小。在没有最大化窗口的情况下，调整窗口的大小可以通过将鼠标置于窗口的边框拖动鼠标，或将鼠标置于窗口角上，鼠标指针呈双箭头或 45°倾斜的双箭头时，拖动鼠标来完成。

（3）滚动显示。窗口的滚动显示可以通过拖动滑块、多次单击滑块前后的滚动槽、多次单击滚动条首尾的箭头按钮或按 PgUp/PgDn 键前后翻屏等来实现。

（4）最大化/还原/最小化/关闭。当单击"最大化"按钮时窗口最大化，扩大到整个屏幕，同时"最大化"按钮自动变成"向下还原"按钮，此时单击"向下还原"按钮则窗口还原成原来的大小，同时"向下还原"按钮自动变成"最大化"按钮；单击"最小化"按钮，则屏幕上不显示该窗口，而只是在任务栏中显示该窗口对应的一个按钮，单击此按钮则窗口重新打开显示出来；单击"关闭"按钮则关闭该窗口，窗口被关闭，也即是其对应的应用程序关闭了。

关闭与最小化不同：最小化时应用程序仍然在运行，而没有关闭，但不是在前台运行，而是在后台运行，即不能马上接受用户的操作，需要切换为前台运行后才能接受用户的操作。

（5）窗口切换。当窗口可见时，在其中单击即可将其切换为当前的工作窗口。另外，单击任务栏中的相应图标按钮或按"Alt＋Tab"键、"Alt＋Esc"键也可以切换窗口。窗口切换也称为应用程序切换。当启动多个应用程序、有多个窗口时，当前正在使用的窗口称为活动窗口，只有它能够接受用户的键盘等操作，其他应用程序的窗口就称为非活动窗口。活动窗口最多只有一个，而非活动窗口可能有多个，也可能没有。

（6）排列窗口。对于非最大化的窗口，其排列方式有层叠窗口、堆叠显示窗口、并排显示窗口 3 种。这三种排列方式通过右键单击任务栏的空白处，选择快捷菜单中的相应选项实现。

3. Windows 对话框的组成及操作

对话框是 Windows 和用户进行信息交流的一种途径。对于菜单名称的最后是省略号"…"的菜单项，单击该菜单命令就会出现对话框。与窗口不同的是，对话框不能调整大小，没有"最大化"、"最小化"按钮。

三、 Windows 7 菜单、 工具栏和快捷方式

1. 菜单

常用的菜单有：

（1）"开始"菜单。单击任务栏左侧的"开始"按钮，可以弹出"开始"菜单，其中包括了 Windows 系统的大部分应用程序。

（2）控制菜单。单击控制菜单按钮或右键单击标题栏后会打开控制菜单。

（3）快捷菜单。将鼠标指针指向某一对象（如图标、桌面、区域等），单击鼠标右键

即可弹出快捷菜单。

（4）命令（应用程序）菜单。是由应用程序窗口菜单栏下的各个功能项组成的菜单，如图 2—4 中的"文件"、"编辑"、"帮助"等。用鼠标单击菜单栏中的菜单即可出现下拉菜单。

提示：

若要取消已打开的菜单，可单击该菜单以外的任何位置或者按"Esc"键取消。

一个菜单含有若干个命令项，其特定的含义见表 2—1。

表 2—1   菜单中的命令项及相应含义

命令项	含义
字母	热键，按键盘上的该字母则执行该项功能
灰色选项	该功能项当前不可使用
省略号（…）	选择该功能将出现一个对话框
打钩项	该项功能当前有效，再单击则不打钩，表示该项功能当前无效
圆点	该项功能当前有效，一般是多项中只选一项且必选一项
深色项	为当前项，移动光标键可更改，按"Enter"键则执行该项功能
◀▶▼	鼠标指向或单击将弹出其下一级菜单
组合键	按组合键则直接执行该项功能而不必打开菜单

2. 工具栏

在 Windows 系统中，大多数应用程序和部分对话框都提供了工具栏，工具栏上的按钮功能在菜单中均有对应的功能选项，使用时只需单击工具栏上的相应按钮。当用户不知道工具栏上某按钮的功能时，可用鼠标指针指向该按钮，停留片刻则自动显示其功能名称。用鼠标指针指向工具栏最左端突出的竖线位置或者其标题栏（当有标题栏时），拖动鼠标可调整工具栏的位置。

如果需用的工具栏未看见，可将相应菜单下的对应选项置为打钩的项即可。比如，在"计算机"中，用鼠标选择"查看"菜单下的"工具栏"选项，单击"标准按钮"、"地址"选项使其打钩，则相应工具就会显示出来。

3. 快捷方式

Windows 系统中，要打开某个常用的对象（执行应用程序或打开窗口），可建立其快捷方式，需要时双击就可打开，而不必每次都要找到其执行文件。对象的快捷方式是以图标的形式出现在桌面上、某个文件夹中、某菜单中，在快捷图标的左下角均有一个"🔳"标记。

建立快捷方式的方法为：先在应用程序或"开始"菜单中找到对象，用鼠标右键拖动到桌面上或文件夹中，再释放鼠标，将弹出其快捷菜单，单击选择"在当前位置创建快捷方式"选项，则在桌面上或文件夹中建立其快捷方式。另外，按鼠标右键选择快捷菜单中"发送到"功能下的"桌面快捷方式"也可建立快捷方式。

4. 剪贴板

在 Windows 7 中，剪贴板是用于在同一或不同应用程序、文件之间传递或共享信息的临时存储区，是一段连续的、可随着存放信息多少而变化的内存空间。用户使用剪贴板的工作过程如图 2—5 所示，先将选定的内容或对象"复制"或"剪切"到剪贴板，然后在目标应用程序中将插入点定位，在需要位置使用"粘贴"功能将剪贴板中的内容或对象复制到目标应用程序中。

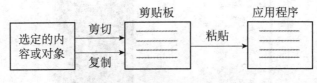

图 2—5 使用剪贴板的工作过程

Windows 7 剪贴板能存放用户多次剪切或复制的内容，进行"粘贴"操作时，系统默认取出最后一次剪切或复制的内容。剪贴板内容一般将保存到 Windows 7 系统关闭为止。

用户使用剪贴板时，常用的有"剪切"、"复制"和"粘贴"3 种操作。

（1）"剪切"操作。当要将已经选定的内容或对象移动到其他位置或应用程序中时，可执行"剪切"操作，将选定内容或对象移动到剪贴板中。

（2）"复制"操作。"复制"与"剪切"的不同之处是：剪切后，原来选定的内容消失，选定的内容移动到剪贴板中；而复制后，原来选定的内容仍然保留在原来的位置，另外将选定的内容复制一份到剪贴板中。

（3）"粘贴"操作。是指将剪贴板中的内容复制一份到当前位置或插入应用程序中光标开始的位置。剪贴板中的内容可供用户反复"粘贴"使用。如果剪贴板中当前没有内容或对象，就不能执行"粘贴"操作。

（4）复制当前屏幕、活动窗口及对话框。在 Windows 7 系统中，可以把整个屏幕、活动窗口或对话框等对象以图形方式复制到剪贴板中。按键盘上的"Print Screen"键，则将整个屏幕的静态内容作为一个图形复制到剪贴板中；按"Alt＋Print Screen"键，则将活动窗口或活动对话框的静态内容作为一个图形复制到剪贴板中。用户可以在应用程序中执行"粘贴"操作将该图形从剪贴板中复制出来使用，也可以通过"画图"等图形编辑软件进行处理后再使用。

注意：在实际使用时，也经常使用组合键"Ctrl＋X"、"Ctrl＋C"、"Ctrl＋V"来分别完成"剪切"、"复制"、"粘贴"功能。另外，使用鼠标的拖动操作配合"Ctrl"键、"Shift"键，也可以不通过剪贴板来实现一次性的复制、移动操作。

四、Windows 7 的功能操作

1. 添加和删除程序

Windows 7 与之前长期使用的 Windows XP 操作系统相比,"添加和删除程序"已经改名了,对于 Windows XP 的老用户肯定不是很习惯,所以新学者学习 Windows 7 更加方便。

Windows 7 中删除程序的方法为:

(1) 打开"开始"菜单(见图 2—6)。

图 2—6   "开始"菜单

(2) 单击"开始"菜单中的"控制面板"菜单,弹出如图 2—7 所示的"控制面板"界面,单击"程序和功能"组件。

图 2—7   控制面板

(3) 弹出如图 2—8 所示的页面,在此页面中左键单击要删除的程序,单击上方的"卸载"按钮即可开始进行卸载,卸载完毕后,程序就会在下面的清单中自动消失。

图 2—8　"程序和功能"窗口

注意："更改"或"修复"的操作步骤同上。

2. Windows 7 安全设置

操作中心是 Windows 7 系统的一站式安全管理工具，打开"控制面板"，单击"操作中心"即可进入如图 2—9 所示的"操作中心"界面。Windows 7 的操作中心会提示用户需要注意的有关安全和维护设置的重要消息，用红色项目标记重要的而且需要尽快解决的重要问题，用黄色项目标记需要更新的安全补丁或者已过期的病毒程序以及维护等建议执行的任务。系统的状态不同，显示的提示信息也会不同。

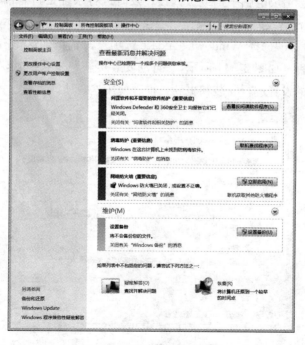

图 2—9　操作中心

（1）Windows Defender（原名 Windows Antispyware）是微软系统的免费反间谍软件，可以检测及清除一些潜藏在操作系统里的间谍软件及广告软件，保护计算机免受间谍软件的安全威胁及控制，保障使用者的安全与隐私。

进入"操作中心"界面，找到并启动"Windows Defender"功能服务，出现如图2—10所示的界面，单击"立即扫描"，Windows 7 就会对电脑上最有可能感染间谍软件的硬盘进行快速扫描。如果怀疑间谍软件只是感染了电脑的某些特定区域，则可通过只选择要检查的驱动器和目录进行自定义扫描，这样可以节省不少扫描时间。

图 2—10 Windows Defender

（2）系统漏洞会造成电脑中毒或被入侵，及时进行系统更新非常有必要，如果我们的 Windows 7 系统没有及时更新，操作中心会有提示。单击"Windows Update"右侧的"更改设置"可以打开"选择 Windows Update 选项"对话框，这里有"自动安装更新"和"让我选择"两种。如图2—11所示，"自动安装更新"是系统默认选项，Windows 7 系统会按照定义好的设置进行安装和更新，推荐使用这一项。

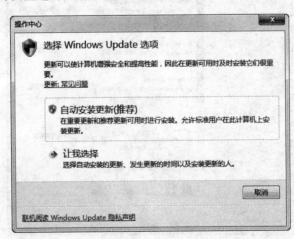

图 2—11 Windows Update

（3）Windows 7 系统提供了很方便的系统备份和还原功能，如果我们碰到软硬件故障、意外删除、替换文件等问题，有系统备份和还原就可以去除后顾之忧。"备份和还原"界面如图 2—12 所示。

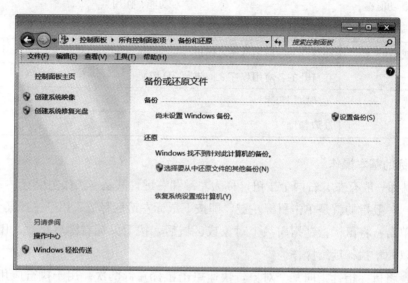

图 2—12　备份和还原

Windows 7 的备份功能可以备份文件、创建系统镜像和创建系统修复光盘，在创建文件备份时，还可设定创建备份计划。在用户设置备份功能后，在 Windows 7 "备份和还原"中心，可以查看备份完成、备份位置、备份计划等状态。

五、 Windows 7 的键盘、 鼠标操作及中英文输入

1. 键盘的结构

常用的键盘是 101 型，由主键盘区、功能键盘区、小键盘区（副键盘）和编辑键盘区组成，如图 2—13 所示。

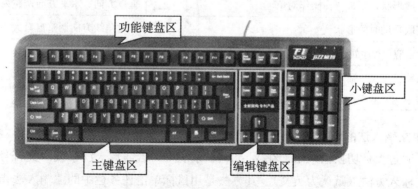

图 2—13　键盘组成

2. 键盘常用键的功能

在 Windows 7 的各操作中，会用到多种形式的组合键、功能键，常用的组合键、功

能键见表2—2。

表2—2　　　　　　　　　　　　　Windows 7 的组合键、功能键

组合键、功能键	功能、作用
Ctrl＋Shift＋Esc	打开 Windows 7 任务管理器
Alt＋Tab 或 Alt＋Esc	在打开的各应用程序之间进行切换
Win＋Tab	在打开的各应用程序之间进行 3D 切换
Alt＋F4	关闭应用程序
F1	获取帮助

3. 鼠标的基本操作

（1）鼠标一般有左、右两个按钮，称为左键和右键，其基本操作主要有：

单击：一般指的就是单击鼠标左键，即按下鼠标左键后释放。用于选择某个对象。

右键单击：将鼠标指针指向某个对象或区域后，按下鼠标右键后释放。用于弹出快捷菜单，以便于执行后续操作。

双击：将鼠标指针指向某个对象，快速单击鼠标左键两次。用于执行应用程序或打开窗口。

定位：移动鼠标指针，以便指向某个对象或区域，在此过程中不按键。

拖放：按下鼠标左键不放，移动鼠标指针到目的位置后再释放。一般用于移动或复制某个对象或对象区域。

（2）在不同的工作状态下，鼠标指针将呈现为多种形状，具有不同的作用。鼠标指针常见形状及作用见表2—3。

表2—3　　　　　　　　　　　　　鼠标指针常见形状及作用

指针	作用	指针	作用
↖	一般形状，用来选择操作对象	↕ ↔	垂直方向、水平方向调整窗口大小
↖?	获取帮助时的形状	↘ ↗	可对角线方向调整窗口大小
↖○	后台应用程序处于忙状态，可以操作前台程序	✛	可移动对象
○	系统处理忙，需等待	I	游标，可单击文本定位及选定文本内容
⊘	禁止用户的操作	☝	处于链接点

4. 中文输入法的切换

（1）通过鼠标切换输入法。在 Windows 系统中，若需输入汉字或中文符号，则应先选择中文输入方法（默认为英文）。其方法是用鼠标单击任务栏中的"输入法指示器"图标 ▦，出现弹出式菜单，再单击所需输入法，在屏幕左下角出现输入法提示条。如图2—14 所示是设置为搜狗输入法后的提示条，可单击该提示条中相应的按钮设置相关功能。

40

中/英文切换　半角/全角　软键盘开关

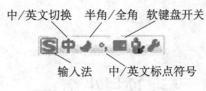

输入法　　中/英文标点符号

图 2—14　输入法提示条

（2）通过键盘切换输入法。常用的有：

1）Ctrl＋Shift：循环切换各种输入法。

2）Ctrl＋空格：英文/中文输入法切换。

3）Shift＋空格：半角/全角方式切换。

4）Ctrl＋"."键：中/英文标点切换。

注意：使用键盘输入汉字时，键盘应处于小写状态，并且确保输入法状态条处于中文输入状态。

5. 软键盘的使用

软键盘是通过软件来改变键盘上键位的定义，通过鼠标单击输入字符，是为了防止木马程序记录下键盘输入的字符而引入，在一些银行网站，要求输入账号和密码的地方容易看到软键盘的应用。在如图 2—14 所示的输入法提示条中，左键单击"软键盘开关"按钮，弹出其操作界面如图 2—15 所示。

图 2—15　软键盘

任务小结

本任务主要通过介绍 Windows 7 桌面、任务栏和窗口以及对话框的操作，让同学们了解 Windows 7 桌面的基本构成以及窗口和对话框的基本操作；通过对 Windows 7 菜单、工具栏和快捷方式的介绍，同学们可以掌握 Windows 7 窗口构成；通过介绍 Windows 7 的常用功能操作，同学们可以掌握计算机软件安装、卸载方法和计算机安全配置方法以及鼠标键盘的基本使用方法。

项目小结

本项目主要介绍了 Windows 7 操作系统的发展历史，以让同学们了解我们所使用的操作系统的前世今生，同时学习掌握操作系统的分类和操作系统在实际的计算机使用过程中所起到的作用。本项目还详细介绍了 Windows 7 桌面、任务栏和窗口以及对话框的操作，并对 Windows 7 菜单、工具栏和快捷方式进行了介绍，重点阐述了 Windows 7 的常用功能操作，使同学们掌握计算机软件安装、卸载方法和计算机安全配置方法以及鼠标键盘的基本使用方法。

通过本项目的学习，同学们可以对 Windows 7 有更深的了解，掌握 Windows 7 的常规操作。同学们可以通过学习掌握 Windows 7 的个性操作技巧，掌握 Windows 7 的基本构成、软件的安装和卸载方法，并通过 Windows 7 的安全功能设置，达到计算机使用安全的目的。

思考与练习

一、 选择题

1. ____负责对计算机系统的各类资源进行统一控制、管理、调度和监督，合理地组织计算机的工作流程。
   A. 操作系统　　　　　　　　　B. 应用软件
   C. 数据库管理系统　　　　　　D. 语言处理程序
2. 操作系统是一种____。
   A. 应用软件　　　　　　　　　B. 系统软件
   C. 专用软件包　　　　　　　　D. 实用程序
3. 在操作系统中，文件管理的主要作用是____。
   A. 实现对文件的按内容存取　　B. 实现按文件的属性存取
   C. 实现文件的高速输入输出　　D. 实现对文件的按名存取
4. 不属于计算机数据处理的应用是____。
   A. 管理信息系统　　　　　　　B. 实时控制
   C. 办公自动化　　　　　　　　D. 决策支持系统

5. 二进制数 01011011 转化为十进制数为____。
   A. 91　　　　　　　B. 171　　　　　　　C. 71　　　　　　　D. 103
6. 智能 ABC 输入法中，可直接切换中文与英文输入方式的快捷组合键是____。
   A. Tab＋空格　　　　　　　　B. Alt＋空格
   C. Ctrl＋空格　　　　　　　　D. Shift＋空格
7. 操作系统的五大功能模块为____。
   A. 程序管理、文件管理、编译管理、设备管理、用户管理
   B. 硬盘管理、软件管理、存储器管理、文件管理、批处理管理
   C. 运算器管理、控制器管理、打印机管理、磁盘管理、分时管理
   D. 处理器管理、存储器管理、设备管理、文件管理、作业管理
8. 键盘上的数字锁定键指的是____。
   A. "Scroll Lock" 键　　　　　　B. "Pause" 键
   C. "Num Lock" 键　　　　　　D. "Caps Lock" 键
9. 在计算机上输入汉字，键盘____。
   A. 必须处于大写状态而且应处于全角方式
   B. 可以处于大写状态
   C. 必须处于小写状态
   D. 可以在大写状态下，在按下 "Shift" 键的同时输入汉字
10. 1 MB 的准确数量是____。
    A. 1 024×1 024 Words　　　　　　B. 1 024×1 024 Bytes
    C. 1 000×1 000 Bytes　　　　　　D. 1 000×1 000 Words

二、简答题

1. 当执行 Windows 7 升级操作后，当前的硬件性能能否发挥得更好？
2. 如果使用旧电脑运行 Windows 7，是否浪费金钱？
3. 安装了 Windows 7 后为什么字体不清晰？
4. 桌面上计算机图标消失了，要如何恢复？
5. 如果软件安装错误，需要将原有软件卸载，请写出软件卸载步骤。
6. 小张买回来一台新的电脑，如何进行安全设置？

三、实训任务

在电脑桌面上新建一个名为 "张三" 的文件夹，完成下列操作：
（1）将 "张三" 文件夹下 PASTE 文件夹中的文件 FLOPY. BAS 复制到 "张三" 文件夹下 JUSTY 文件夹中。
（2）在 "张三" 文件夹下 HUN 文件夹中建立一个新文件夹 CALCUT。
（3）将 "张三" 文件夹下 SMITH 文件夹中的文件 COUNTING. WRI 移动到 "张

三"文件夹下 OFFICE 文件夹中，并改名为 IDEND. BAK。

（4）将"张三"文件夹下 VIZARD 文件夹中的文件 MODAL. CPC 更名为 MAD-AM. WPS。

（5）将"张三"文件夹下 SUPPER 文件夹中的文件 WORD5. PPT 删除。

考核要求：限时 5 分钟完成。

项目三

Word 2010 文字处理应用

Word 2010 是微软公司推出的办公软件 Office 2010 的组件之一，是目前最流行的文字处理软件，掌握 Word 的常规操作是实现无纸化办公的重要手段。从办公文档到个人总结，以及其他各种文稿，都可以通过 Word 2010 来输入和编辑。

任务1 "茶如四季" 茶会邀请函——基础编排

任务描述

"中华茶艺"课程的任课教师路老师联合院茶艺协会，组织了一次以"茶如四季"为主题的茶会活动。作为茶艺协会会长的肖同学，需要制作一份邀请函。经过协会讨论设计、路老师审阅，最终效果如图 3—1 所示。

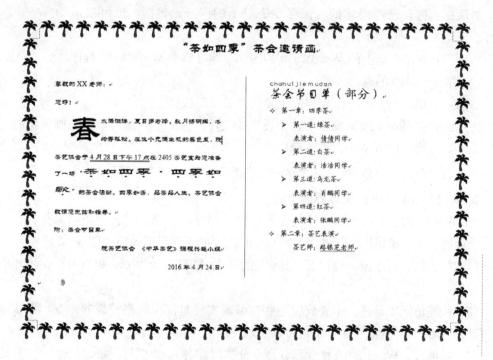

图 3—1 "茶如四季"茶会邀请函效果图

任务准备

- Word 2010 的工作界面和操作基础
- Word 文档的创建和保存
- 文字的录入和特殊符号的录入
- 设置页面、文字、段落格式
- 设置首字下沉、分栏、页面边框、文字水印等特殊格式

任务实施

一、 Word 文档的基础操作

1. Microsoft Word 2010 的启动与退出

（1）Word 2010 的启动。

方法一：单击桌面左下角的"开始"按钮，在弹出的菜单中依次选择"所有程序"→"Microsoft Office"→"Microsoft Office Word 2010"命令，即可启动 Word 2010 程序。

方法二：打开已经创建的、保存在磁盘上的 Word 文档，也可以启动 Word 2010 程序。

方法三：双击桌面上的 Word 2010 的图标，即可启动 Word 2010 程序。

（2）Word 2010 的退出。

方法一：单击 Word 2010 窗口右上角的"关闭"按钮。

方法二：在 Word 2010 窗口中，切换到"文件"选项卡，然后单击左侧窗格的"退出"命令，可快速退出 Word 2010 程序。

方法三：双击左上角系统按钮 W ，可快速退出 Word 2010 程序。

2. 认识 Word 2010 的工作界面组成

Word 2010 的主界面窗口主要包含下列组成部分：标题栏、快速访问工具栏、选项卡、功能区、文档编辑区、状态栏等。Word 2010 的工作界面窗口如图 3—2 所示。

（1）标题栏。位于窗口的顶部，显示程序名称 Microsoft Word 和当前正在操作的文档名称。

（2）快速访问工具栏。主要放置一些在编辑文档时使用频率较高的命令，默认显示"保存"、"撤销"、"重复"命令按钮，以实现快速访问。

（3）功能区。Word 2010 将大部分命令分类放在各选项卡上，如"文件"、"开始"、"插入"、"页面布局"、"引用"、"邮件"、"审阅"、"视图"、"加载项"等。

图 3—2 Word 2010 的工作界面

（4）文档编辑区。文档编辑区位于窗口中央，是工作区域，是文档内容录入、修改、查阅的区域。在编辑区内有一个插入点，即一条闪烁的竖线，称为光标。在输入文档内容时插入点会向右移动，到达一行末尾时 Word 自动换行。需要另起一段时，按 "Enter" 键换行。在 Word 中，"↵" 是回车符，一个回车符表示一个自然段。

（5）状态栏。位于 Word 2010 窗口的底部，用于显示当前文档的页数/总页数、字数、输入语言和输入状态等信息。Word 2010 有 "插入" 和 "改写" 两种输入状态，可以通过单击状态栏上的 "插入" 或 "改写" 来切换，也可以通过键盘上的 "Insert" 键来切换。

二、制作文档

步骤一　创建、保存文档

方法一： 启动 Word 2010 程序后，系统会自动创建一个名为 "文档 1" 的新文档。选择 "文件" 选项卡下的 "保存" 命令，或者单击快速访问工具栏中的 "保存" 按钮
，即可打开 "另存为" 对话框，在该对话框中选择保存文件的位置，在 "文件名"
文本框中输入文件名 "茶会邀请函"，单击 "保存" 按钮，如图 3—3 所示。Word 2010 的文件扩展名为 ".docx"。

方法二： 在桌面空白位置处单击鼠标右键，在弹出的快捷菜单中，依次选择 "新建"→"Microsoft Office Word 2010 文档"，在桌面上新建了一个文件名为 "新建 Mi-

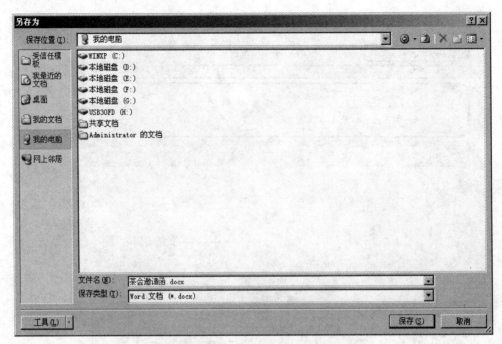

图 3—3　Word 2010 "另存为" 对话框

crosoft Office Word 2010 文档 .docx" 的文件，修改文件名为 "茶会邀请函" 即可。

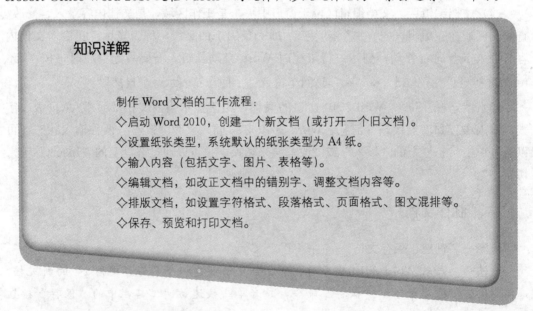

知识详解

制作 Word 文档的工作流程：

◇启动 Word 2010，创建一个新文档（或打开一个旧文档）。

◇设置纸张类型，系统默认的纸张类型为 A4 纸。

◇输入内容（包括文字、图片、表格等）。

◇编辑文档，如改正文档中的错别字、调整文档内容等。

◇排版文档，如设置字符格式、段落格式、页面格式、图文混排等。

◇保存、预览和打印文档。

步骤二　设置页面格式

（1）选择 "页面布局" 选项卡，在 "页面设置" 组中单击 "纸张大小" 按钮，在打开的下拉列表中选择纸型为 "A4"。

（2）单击 "页面设置" 组中的 "纸张方向" 按钮，在打开的下拉列表中选择纸张方向为 "横向"。

（3）单击"页面设置"组中的"页边距"按钮，在打开的下拉列表中选择"自定义边距"选项，弹出"页面设置"对话框，在"页边距"选项卡中设置"上"、"下"、"左"、"右"边距均为2厘米，单击"确定"按钮。如图3—4所示。

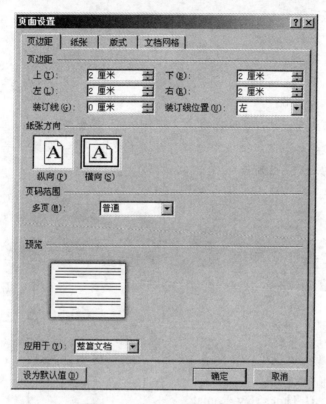

图3—4 "页面设置"对话框

步骤三 文本录入和编辑

（1）将拟定好的邀请函内容录入文档中，如下所示：

尊敬的××老师：

您好！

春水满泗洋，夏日多奇峰。秋月扬明辉，冬岭秀孤松。在这个充满生机的春色里，院茶艺协会于4月28日下午17点在2405茶艺室为您准备了一场"茶如四季·四季如歌"的茶会活动。四季如茶，品茶品人生。茶艺协会敬请您光临和指导。

　　附：茶会节目单

院茶艺协会《中华茶艺》课程兴趣小组

2016年4月24日

茶会节目单（部分）

　　第一章：四季茶

　　第一道：绿茶

表演者：倩倩同学

　　第二道：白茶

表演者：浩浩同学

　　第三道：乌龙茶

表演者：肖鹏同学

　　第四道：红茶

表演者：张鹏同学

　　第二章：茶艺表演

茶艺师：路银芝老师

　　（2）设置标题文字效果：选取标题"'茶如四季'茶会邀请函"，在"开始"选项卡下"字体"组的"字体"下拉列表中选择"经典综艺体简"，设置"字号"为"二号"，字体为"加粗"，如图3—5所示。

图3—5　标题字体设置

　　（3）设置正文文字效果：选取邀请函正文内容，单击"开始"选项卡下"字体"组右下角的"⌐"按钮，打开"字体"对话框，在"字体"对话框的"字体"选项卡中，设置"中文字体"为"隶书"、"西文字体"为"Times New Roman"、字号为"小四"，单击"确定"按钮；选择"茶如四季·四季如歌"，单击"开始"选项卡下"字体"组右下角的"⌐"按钮，打开"字体"对话框，在"字体"对话框的"字体"选项卡中，设置字号为"四号"，并设置"着重号"效果，如图3—6所示；切换到"高级"选项卡，设置缩放为"200%"、间距为"加宽1磅"、位置为"提升4磅"，如图3—7所示；选取内容"4月28日下午17点"，通过"字体"对话框，设置"下划线线型"为"双下划线"。

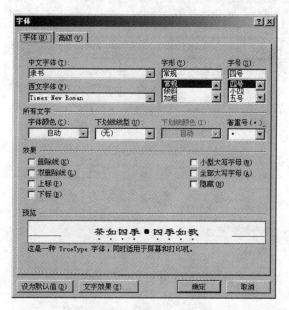

图3—6　"字体"对话框

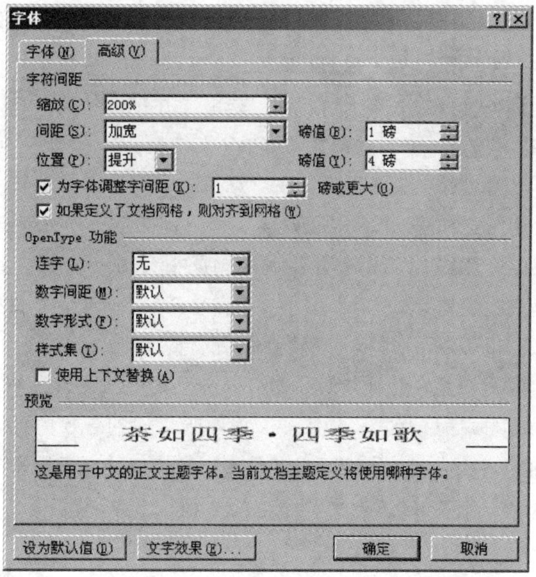

图3—7　"高级"选项卡

（4）设置节目单效果：选取文字"茶会节目单"，在"开始"选项卡下的"字体"组中，设置"字体"为"方正舒体"、字号大小为"二号"。单击拼音指南命令"變"，弹出"拼音指南"对话框，对拼音样式进行设定，选择"单字"拼音形式，如图3—8所示。选取节目单正文内容，在"开始"选项卡下的"字体"组中，设置"字体"为"楷体"、字号大小为"小四"。

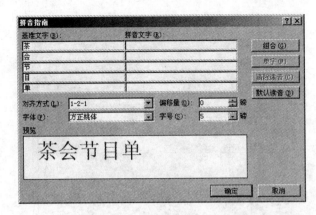

图3—8　"拼音指南"对话框

知识详解

录入完文字后，往往需要校对文本，对于出现的错字或错词，可以选中后，直接录入更改。但由于录入者的原因可能会存在多处出现同一错字/词的现象，比如把"王建峰"录入成"王建锋"，这时我们可以通过"查找和替换"功能来修正已知错误，操作方法如下：

（1）把光标定位到文档的开始处。

（2）选择"开始"选项卡，在"编辑"组的"查找"下拉列表中单击"高级查找"按钮，弹出"查找和替换"对话框。

（3）选择"替换"选项卡，在"查找内容"文本框中输入"王建锋"，在"替换为"文本框中输入"王建峰"，单击"查找下一处"按钮，Word会自动在文档中查找"王建锋"，找到后则反相突出显示出来，单击"替换"按钮，则把找到的"王建锋"替换掉并自动查找下一处，如此重复操作直到查找结束。也可以单击"全部替换"按钮，直接全部替换。

（4）在"查找和替换"对话框中单击"更多"按钮，系统将展开"搜索选项"，可以通过格式下拉菜单，设置带格式的查找内容，或者是设置替换成带格式的内容。读者可以试着将不带格式的"王建峰"替换成红色加粗字体的"王建峰"。

步骤四　段落的格式设置

（1）设置标题段落格式：选择"'茶如四季'茶会邀请函"的文字，单击"开始"选项卡下"段落"组的居中命令"≡"，将标题设置为段落的"居中"效果。

（2）设置正文的段落格式：选择"春水满泗洋"到"茶艺协会敬请您光临和指导"

的段落内容，单击"开始"选项卡下"段落"组右下角的"⌐⌐"按钮，打开"段落"对话框，在"缩进和间距"选项卡中设置"特殊格式"为"首行缩进 2 个字符"，"行距"为"单倍行距"，"段前"、"段后"间距为"0 行"，如图 3—9 所示。选择正文的最后两个自然段，单击"开始"选项卡下"段落"组的文本右对齐命令"≡"，设置署名和日期段落的"右对齐"效果。

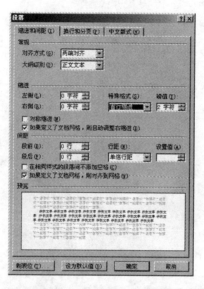

图 3—9   "段落"对话框

（3）设置茶会节目单的段落格式：选择"第一章：四季茶"和"第二章：茶艺表演"的段落，单击"开始"选项卡下"段落"组的"项目符号"下拉菜单中"◇"的项目符号，给该自然段设置一级项目符号，如图 3—10 和图 3—11 所示。选择"第一道：绿茶"、"第二道：白茶"、"第三道：乌龙茶"、"第四道：红茶"四个自然段，单击"开始"选项卡下"段落"组的"项目符号"下拉菜单中"➤"的项目符号，给该自然段设置二级项目符号，如图 3—10 和图 3—11 所示。

图 3—10   "项目符号"的设置图   图 3—11   "项目符号"设置效果

选择“第一道：绿茶”、“第二道：白茶”、“第三道：乌龙茶”、“第四道：红茶”四个自然段，拖动“标尺”最上端的倒三角，到位置 2，即“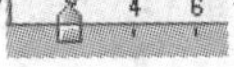”；选择“表演者：倩倩同学”、“表演者：浩浩同学”、“表演者：肖鹏同学”、“表演者：张鹏同学”、“茶艺师：路银芝老师”五个自然段，拖动“标尺”最上端的倒三角，到位置 4，即“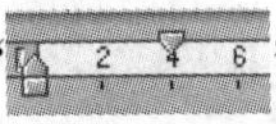”。设置效果如图 3—12 所示。

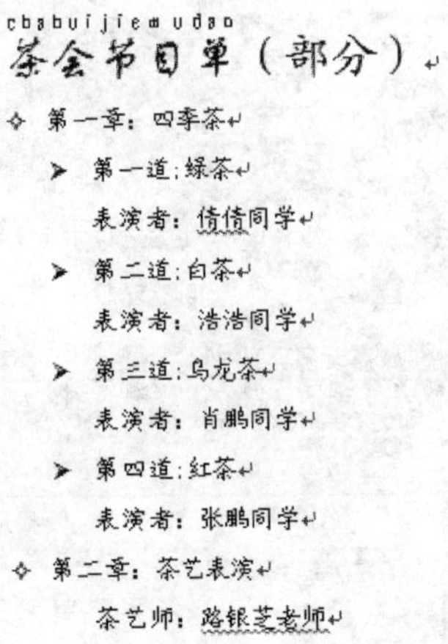
chahuijiemudan
茶会节目单（部分）
- 第一章：四季茶
  - 第一道：绿茶
    表演者：倩倩同学
  - 第二道：白茶
    表演者：浩浩同学
  - 第三道：乌龙茶
    表演者：肖鹏同学
  - 第四道：红茶
    表演者：张鹏同学
- 第二章：茶艺表演
    茶艺师：路银芝老师

图 3—12 “标尺”设置效果

知识详解

在编辑文档内容时，必须先选定文本。选定文本可以通过鼠标操作来实现，也可以通过键盘操作来实现。操作方法分别见表 3—1、表 3—2。

表 3—1　用鼠标选定文本的操作

行的选择	将鼠标移到某行的左边区域，鼠标变成一个指向右上方的箭头，单击就可以选中这一行
句的选择	按住“Ctrl”键，单击文档中的一个地方，鼠标单击处的整个句子就被选中
段落的选择	把鼠标移到段落的左边，鼠标变成一个斜向右上方的箭头，双击即选中一个自然段。或者将鼠标置于段中任一位置，三击鼠标左键即选中一个自然段
文字块的选择	定位光标到文字的开始位置，按下鼠标左键移动鼠标光标到要选择文字的结束位置松开，就选中了文字块。这个方法对字、句、行、段的选取都适用
全文选择	使用快捷键“Ctrl＋A”，或在左边页面空白区域三击鼠标左键

表 3—2	用键盘选定文本的操作		
小范围内选定文本		大范围内选定文本	
操作键	操作方法	操作键	操作方法
Shift+↑	向上选定一行	Alt＋Ctrl＋Shift＋PgDn	选定内容扩展至文档窗口结尾处
Shift+↓	向下选定一行	Alt＋Ctrl＋Shift＋PgUp	选定内容扩展至文档窗口开始处
Shift+←	向左选定一个字符	Ctrl＋Shift＋Home	选定内容扩展至文档开始处
Shift+→	向右选定一个字符	Ctrl＋Shift＋End	选定内容扩展至文档结尾处
Shift+Home	选定内容扩展至行首	F8＋方向键	扩展选取文档中具体的某个位置之后
Shift+End	选定内容扩展至行尾	Ctrl＋Shift＋F8＋方向键	纵向选取整列文本
Ctrl+Shift+↑	选定内容扩展至段首	Ctrl＋A	选定整个文档
Ctrl+Shift+↓	选定内容扩展至段尾	Ctrl＋小键盘数字键5	选定整个文档

步骤五 特殊格式的设置

（1）设置分栏效果：选择除标题外的其他全部文本，在"页面布局"选项卡下"页面设置"组的"分栏"下拉菜单中，单击"更多分栏"命令，打开"分栏"对话框，设置栏数为"2"，勾选"分隔线"，设置间距为"6字符"，如图3—13所示。

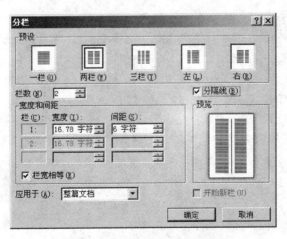

图3—13 "分栏"对话框

（2）设置"首字下沉"效果：选择"春水满泗洋"自然段，在"插入"选项卡下"文本"组的"首字下沉"下拉菜单中，单击"首字下沉选项"命令，在弹出的"首字下沉"对话框中选择"位置"为"下沉"，"字体"为"华文隶书"，"下沉行数"为"2"，单击"确定"按钮。设置"首字下沉"效果，如图3—14所示。

（3）设置"页面边框"：单击"页面布局"选项卡下"页面背景"组的"页面边框"命令，在弹出的"边框和底纹"对话框的"页面边框"选项卡中，选择"艺术型"边框，如图3—15所示。

图3—14　"首字下沉"对话框

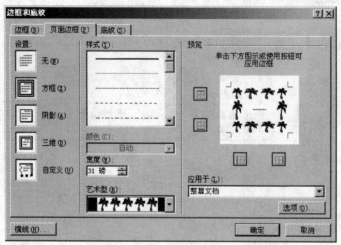

图3—15　"边框和底纹"对话框

知识详解

在Word 2010中，对包含文档最后一自然段的文字进行分两栏时，往往会出现左右两侧栏的长度不相等的情况。那么如何分"等长栏"呢？通常情况下，我们往往会选择在文档的结尾处多敲一个回车键，形成一个不含文字的空自然段。分栏时，选择含文字的自然段进行分栏，即可完成一个"等长栏"的分栏操作。

在Word 2010中，当某一自然段既有"分栏"的设置，又有"首字下沉"的设置时，我们应该先设置"分栏"的操作，后设置"首字下沉"的操作。如果先设置了"首字下沉"的操作，"分栏"的命令会变成灰色的状态，不允许操作。

任务小结

本任务主要介绍了 Word 的基础编排，包括文档页面设置、文本录入及修饰、段落格式设置、分栏等特殊格式的设置。通过本任务的学习，同学们能够掌握页面纸张大小、页边距等设置方法，能够灵活运用"字体"、"段落"对话框或"字体"、"段落"工具栏设置文本和段落格式，能够掌握"分栏"、"首字下沉"、"页面边框"等特殊格式的设置。

散文小报——图文混排

任务描述

院宣传部组织了一次小报设计比赛活动，晓慧同学平时很喜欢文学，特别想参加此次活动，经过大量的素材搜集工作后，精心设计制作完成后的样文效果如图 3—16 所示。

任务准备

- 图片的插入和设置
- 剪贴画的插入和设置
- 形状的插入和设置
- 公式的插入和设置
- 艺术字的插入和设置

任务实施

一、插入图片

漂亮的文档离不开适当的插图，因此掌握图文混排的操作技巧对美化文档也很重要。在 Word 中，"图"的来源有很多种，可以是搜集的图片素材，可以使用 Microsoft

做真朋友是要花时间的

我想你是怎样的一个朋友？

一个朋友条件再好，可是他不能真正关心你，不愿花时间与你相处，那都是多余的！

友情不是望梅止渴的，不是你可以抱着他的照片，想着他的话，他的回忆，就维持天长地久的。

一个朋友是否是一个真心可交之人，可以看这个人是否愿意与你相处和聊天，花费时间与你共同做一件事！

他不可能说，"我们是好朋友，但我没时间与你聊天"。

你真心交朋友的话，是可以挤时间来陪我的，如果你不愿意挤时间的话，那就说明了你只是把我当认识的路人而已！

有一次听我的女朋友说他的男朋友。他给她打电话都是三个月以前的时候，他太过分了

男女朋友尚且如此，一般朋友又该怎么处呢。友谊也是需要维护和维修的。你如果把我当真心朋友，你会在你需要的时候，你高兴的时候或是忧愁的时候，给我打电话，找我聊天，分享快乐或忧伤。

如果不能做真心朋友，就当做认识的路人也可以，就当作一般同事也可以，有事说事，没事不多说也行。

这样我才不会自作多情地把你当成我的真心朋友！

既然你不能真心相待，那就不要伪装成我的好朋友，让我产生错觉。

友情不是这样。真正的友情不依靠什么，不依靠事业、祸福和身份，不依靠经历、地位和处境。他在本质上拒绝功利，拒绝归属，拒绝契约。但他是需要时间的。

图 3—16　散文小报效果图

Office 提供的剪贴画，可以是自己绘制的各种形状、SmartArt 图形、艺术字，也可以通过抓图工具在屏幕上截图。"图"与文字相辅相成，"图"的大小、位置以及"图"与附近文字的环绕效果极大地影响了排版的效果。

步骤一　主文档的制作

（1）新建 Word 文档，页面设置：A4 纸张，页边距上、下为 2.5 cm，左、右为 3 cm，纸张方向为纵向。

（2）录入如下文字：

我想你是怎样的一个朋友？

一个朋友条件再好，可是他不能真正关心你，不愿花时间与你相处，那都是多余的！

友情不是望梅止渴的，不是你可以抱着他的照片，想着他的话，他的回忆，就维持天长地久的。

一个朋友是否是一个真心可交之人，可以看这个人是否愿意与你相处和聊天，花费时间与你共同做一件事！

他不可能说，"我们是好朋友，但我没时间与你聊天"。

你真心交朋友的话，是可以挤时间来陪我的，如果你不愿意挤时间的话，那就说明了你的只是把我当认识的路人而已！

有一次听我的女朋友说他的男朋友。他给她打电话都是三个月以前的时候，他太过分了！

男女朋友尚且如此，一般朋友又该怎么处呢。友谊也是需要维护和维修的。不是不体谅你，而是你如果把我当真心朋友，你会在你需要的时候，你高兴的时候或是忧愁的时候，给我打电话，找我聊天，分享快乐或忧伤。

如果不能做真心朋友，就当做认识的路人也可以，就当作一般同事也可以，有事说事，没事不多说也行。

这样我才不会自作多情地把你当成我的真心朋友！

既然你不能真心相待，那就不要伪装成我的好朋友，让我产生错觉。

友情不是这样。真正的友情不依靠什么，不依靠事业、祸福和身份，不依靠经历、地位和处境。他在本质上拒绝功利，拒绝归属，拒绝契约。但他是需要时间的。

（3）设置正文文字效果：字体为宋体，字号为5号。设置段落效果：段前、段后空1行，首行缩进2个字符，行距为单倍行距。

步骤二 插入图片

（1）单击"插入"选项卡下"插图"组的"图片"命令，在弹出的"插入图片"对话框中，选择"背景图片.jpg"，单击"插入"按钮，插入图片，如图3—17所示。

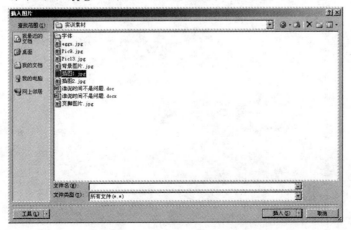

图3—17 "插入图片"对话框

（2）单击插入的背景图片，"图片工具"的选项卡就会出现，在"图片工具"下"格式"选项卡的"排列"组中，单击"自动换行"下拉菜单，选择"衬于文字下方"命令，如图 3—18 所示。移动图片位置，通过调整图片周围的 8 个小圆圈调整图片大小，效果如图 3—19 所示。

图 3—18　文字环绕方式设置

图 3—19　背景图效果

（3）插入"插图 1.jpg"：使用上述方法。选择插图 1，单击"图片工具"的"格式"选项卡下"大小"组中的"裁剪"命令，裁剪插图 1，调整到如图 3—20 所示的大小，按"Enter"键确认或者再次单击"裁剪"命令确认。选择裁剪后的插图 1，单击"图片工具"的"格式"选项卡下"调整"组的"颜色"下拉菜单中"设置透明色"命令，鼠标变成"✐"，单击插图 1 的白色部分的任何一个点，将插图 1 的白色部分设置为透明色，如图 3—21 所示。选择插图 1，在"图片工具"的"格式"选项卡下"排列"组中，单击"自动换行"下拉菜单，选择"紧密型环绕"命令，并移动图片位置如图 3—22 所示。

图 3—20　裁剪图片

图 3—21　设置透明色

图 3—22　插图 1 效果图

　　（4）插入"插图 2.jpg"和"页脚图片"：使用上述方法，分别插入"插图 2.jpg"和"页脚图片"。在"图片工具"的"格式"选项卡下"排列"组中，单击"自动换行"下拉菜单，选择相应命令，分别设置插图 2 的自动换行方式为"浮于文字上方"，页脚图片为"四周型环绕"，并移动位置，改变大小后如图 3—23 所示。

　　选择"页脚图片"，在"图片工具"的"格式"选项卡下"图片样式"组中，单击"图片边框"下拉菜单，选择"主题颜色"为黑色的边框，并在"粗细"列表中选择"1

磅"的线型，如图 3—24 所示。单击"图片效果"下拉菜单，选择"阴影"菜单的"外部"区域内的"右下斜偏移"阴影。

图 3—23　插图效果图

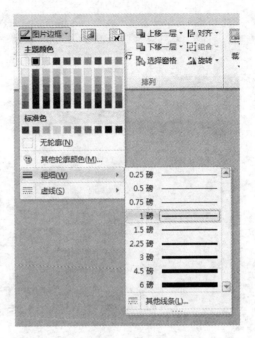

图 3—24　页脚图片边框设置

知识详解

在 Word 2010 中，图形元素除图片之外，还有很多其他的，比如"剪贴画"、"形状"、"艺术字"、"公式"等。插入各类图形元素的方法大同小异，都可以通过"插入"选项卡来完成。具体步骤如下：

（1）插入剪贴画：在"插入"选项卡下的"插图"组中，单击"剪贴画"命令，就在 Word 窗口的右侧打开了"剪贴画"任务窗格，如图 3—25 所示，可以通过"搜索文字"文本框，输入要搜索的剪贴画，如"动物"，单击"搜索"按钮，在下方的列表框中，单击需要的剪贴画，即可插入。

（2）插入艺术字：在"插入"选项卡下的"文本"组中，单击"艺术字"下拉菜单，选择一种艺术字样式，将插入如图 3—26 所示的"艺

图 3—25　"剪贴画"
任务窗格

术字"文本框，再输入文本内容即可。选择艺术字，"绘图工具"的选项卡就显示了，在"绘图工具"下的"格式"选项卡内，可以完成对艺术字"形状填充"、"形状轮廓"、"形状效果"、"文本填充"、"文本轮廓"、"文本效果"、"自动换行"等格式的设置和修改。

图 3—26　"艺术字"文本框

（3）插入公式：在"插入"选项卡下的"符号"组中，单击"公式"下拉菜单，在"内置"标签内或者"Office.com 中的其他公式"菜单中，Microsoft Office 已经提供了常用的公式，选择需要的公式即可。读者也可以单击"插入新公式"命令，新建公式文本框如图 3—27 所示，同时"公式工具"选项卡将显示出来，在"公式工具"的"设计"选项卡中，选择相应的命令录入所需工具即可。读者可试着录入如图 3—28 所示的公式。

图 3—27　"公式"文本框

$$f(x) = \begin{cases} 2x^3 + x^2 + 1 & x > 0 \\ x^2 + 3x - 8 & x = 0 \\ x^3 - 3x + 1 & x < 0 \end{cases}$$

图 3—28　示例公式

二、插入形状

步骤一　插入文本框

（1）标题制作：在"插入"选项卡下的"插图"组中，单击"形状"下拉菜单，从"基本形状"里单击文本框命令"🖹"，鼠标变成一个十字形，如图 3—29 所示。将鼠标移到文章的开头部分，拖动鼠标形成一个矩形文本框，在文本框中输入标题："做真朋友是需要时间的"。

（2）设置标题文本框格式：选择标题文本框，在"开始"选项卡下的"字体"组中，设置字体为"华文新魏"，字号为"三号"，字体加粗。在该选项卡的"段落"组中，设置段落为"居中"。

在"绘图工具"的"格式"选项卡下"形状样式"

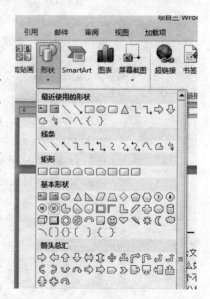

图 3—29　插入文本框

组的"形状填充"下拉菜单中,设置填充颜色为"无填充颜色",如图3—30所示。在该组的"形状轮廓"下拉菜单的"粗细"菜单中,选择"其他线条"命令,将打开"设置形状格式"对话框,在该对话框中"线型"菜单里,设置"宽度"为4磅,"复合类型"为"由细到粗",如图3—31所示。在"形状样式"组的"形状效果"下拉菜单的"阴影"菜单中,选择"外部"区域内的"右下斜偏移"阴影。

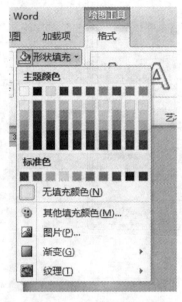

图3—30 形状填充

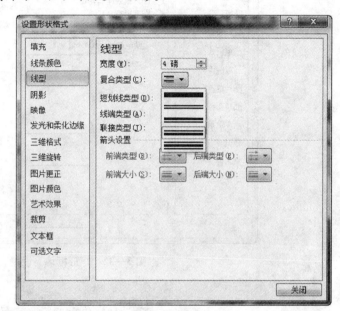

图3—31 "设置形状格式"对话框

步骤二 插入矩形框背景

由于背景图片颜色较为丰富,正文的文字和背景图片看起来显得比较杂乱,特别是图片深颜色的部分上显示文字,文字甚至会看不清楚,因此可以通过插入一个有一定透明度的白色填充矩形框来作为图片和文字之间的背景,这样看起来会更舒服。具体方法如下:

(1)插入矩形框背景:在"插入"选项卡下的"插图"组中,单击"形状"下拉菜单,从"矩形"里单击矩形命令"",鼠标变成一个十字形。将鼠标移到文章的正文开头部分,拖动鼠标形成一个矩形框。

(2)设置矩形框格式:选择插入的矩形框,选择"绘图工具"下的"格式"选项卡,在"形状样式"组的"形状填充"下拉菜单中,选择"渐变"菜单最下方的"其他渐变"命令,打开"设置形状格式"对话框,在该对话框的"填充"菜单下,设置"填充"为"纯色填充",填充颜色为"白色",透明度为"15%",如图3—32所示。单击该对话框的"线条颜色"菜单,设置"线条颜色"为"无线条"。设置后的效果如图3—33所示。

(3)设置矩形框文字环绕方式:选择设置好格式的矩形框,选择"绘图工具"下的"格式"选项卡,在"排列"组的"自动换行"下拉菜单中选择"衬于文字下方"命令,将矩形框衬于文字下方。设置完毕后,会发现插图1仍然被矩形框覆盖,可以将矩形框

图 3—32　矩形框填充设置

图 3—33　设置矩形框透明色

移开，选择插图1，在"绘图工具"下"格式"选项卡的"排列"组里，单击"上移一层"下拉菜单的"置于顶层"命令，然后再把矩形框移回来。设置后的效果如图3—34所示。

图 3—34　设置矩形框为背景效果图

知识详解

插入到 Word 2010 文档中的图片、剪贴画、形状、艺术字等图形元素有时候存在位置移动的问题。通过设置文字环绕方式，则可以自由移动这些元素。Word 2010 "自动换行" 菜单中每种文字环绕方式的含义如下所述：

◇嵌入型：插入图片时系统默认的文字环绕方式，图片与文档中的文字一样占有实际位置，它在文档中与上、下、左、右文本的相对位置始终保持不变。

◇四周型环绕：不管图片是否为矩形图片，文字以矩形的方式环绕在图片四周。

◇紧密型环绕：如果图形是矩形，则文字以矩形方式环绕在图片四周；如果图片是不规则图形，则文字紧密环绕在图片四周。

◇穿越型环绕：文字可以穿越不规则图片的空白区域环绕图片。

◇上下型环绕：文字环绕在图片上方和下方。

◇衬于文字下方：图片在下、文字在上分为两层，文字将覆盖图片。可以将图片用来设置文档的背景。

◇浮于文字上方：图片在上、文字在下分为两层，图片将覆盖文字。

◇编辑环绕顶点：用户可以自行编辑文字环绕的顶点，实现更个性化的环绕效果。

步骤三　插入线条边框

（1）选择"插入"选项卡下"插图"组的"形状"下拉菜单，单击"线条"标签内的直线命令"＼"，分别插入如图 3—35 所示的直线。注意：插入直线时，可按住"Shift"键拖动鼠标插入直线，则可以比较容易地插入一条"水平"或"垂直"的直线。

图 3—35　插入直线

（2）默认的直线颜色为浅蓝色，0.75 磅粗细。选择页面最下端的横线，选择"绘图工具"下的"格式"选项卡，在"形状样式"组的"形状轮廓"下拉菜单中，设置直线的"主题颜色"为"黑色"，"粗细"为"4.5 磅"。其他直线通过同样的方法，分别设置"形状轮廓"的"主题颜色"为"黑色"，"粗细"为"1 磅"。

选择页脚图片上的直线，选择"绘图工具"下的"格式"选项卡，在"排列"组的"自动换行"下拉菜单中选择"衬于文字下方"命令，设置后的效果如图 3—36 所示。

图 3—36 设置直线"形状轮廓"

（3）在"插入"选项卡下的"插图"组中，单击"形状"下拉菜单中的"直线"命令，在页面最底端 4.5 磅值直线后画一条水平的直线，并设置直线"线条轮廓"的"主题颜色"为"黑色","粗细"为"1 磅"。整体效果如图 3—16 所示。

知识详解

(1) 在 Word 2010 中，插入一个正方形、正圆、正五角星等规则的图形时，往往需要结合键盘上的"Shift"键插入，当按住"Shift"键时，再插入形状，就会插入一个规则的图形。当选择"直线"工具，按住"Shift"键，插入直线时，只能插入 0°、45°、90° 等 45° 角的倍数的倾斜直线。

(2) 在 Word 2010 中，同时选择多个图形时，可以先选择一个图形，然后按住键盘上的"Shift"键，再选择其他图形。上述步骤三的第二步可以通过此方法选择所有的直线，然后直接设置所有直线的"形状轮廓"。

(3) 移动图形元素的时候，除了直接使用鼠标拖动，也可以在选中图形后，通过键盘上的方向键来改变图形位置来微调。还可以结合键盘上的"Alt"键，拖动鼠标来微调。

(4) 复制图形元素的时候，可以使用"复制"和"粘贴"命令来复制图形，也可以按住键盘上"Ctrl"键，用鼠标拖动图形来复制图形元素。

任务小结

本任务主要介绍了 Word 的图文混排编辑技巧，包括插入图片、剪贴画、艺术字、公式、形状等方法，设置和修改插入的图形元素的格式、调整图形元素的位置、改变图形元素大小的方法，以及设置图形元素和文字环绕的方式。

任务3　招聘人员登记表——Word 表格制作

任务描述

小王是某公司人事部的工作人员。近期该公司正在招聘新员工，需要设计制作一个招聘人员登记表格来统计人员信息，同时又接到上级任务，要求对人事部人员的 4 月份工资进行小结统计。小王负责这两个表格的制作工作。为了使表格尽量结构严谨又效果直观，小王进行了多方面信息的了解和分析，最终制作效果如图 3—37 所示。

招聘人员登记表

姓 名		性 别		
学 历		出生年月		
专 业		民 族		
毕业院校		身份证		
要求待遇		电子邮件		
联系电话		联系地址		
工作简历				
特别提示	1、本人承诺保证所填写资料真实 2、保证遵守公司招聘有关规程和国家有关法规 3、请填写好招聘登记表，带齐照片、学历、职称证书的有效证件及相关复印件。			

姓名	岗位	津贴	考核	加班	合计
张惠	600	350	580	340	1870
王志锋	610	400	600	400	2010
李莉莉	560	320	550	330	1760
段胜利	620	500	650	400	2170

图 3—37　招聘人员登记表和工资统计表效果图

任务准备

- 插入表格的方法
- 行、列、单元格的选择
- 修改行高和列宽
- 插入/删除行和列
- 合并/拆分单元格
- 单元格对齐
- 表格边框和底纹

任务实施

一、制作招聘人员登记表

表格是一种简明、概要的表意方式。其结构严谨、效果直观，往往一张表格可以代替许多说明文字。Word 具有功能强大的表格制作功能，其所见即所得的工作方式使表格制作更加方便、快捷，完全可以满足制作复杂表格的要求，并且能对表格中的单元格数据进行较为复杂的计算。

步骤一　插入表格

图3—38　"插入表格"对话框

首先，输入表格的名字——招聘人员登记表，字号为二号、字体为华文新魏，然后按"Enter"键。

方法一：将插入点定位在插入表格的位置，选择"插入"选项卡，在"表格"组中单击"表格"按钮，在弹出的下拉列表框中，选择"插入表格"命令，弹出"插入表格"对话框，设置列数为5，行数为8，如图3—38所示。

方法二：将插入点定位在插入表格的位置，选择"插入"选项卡，在"表格"组中单击"表格"按钮，在弹出的下拉列表框中拖动鼠标，选择表格的行数和列数后单击即可插入一个表格，如图3—39所示。但这种方法最大只能创建一个10列、8行的表格，行列不合适可通过"插入行"、"插入列"、"删除行"、"删除列"选项进行完善。

图3—39　拖拉方式创建表格

知识详解

1. 插入行/列/单元格

◇在表格中插入新行或新列：只需要将光标定位到要插入新行或新列的某一单元格，然后根据需要单击功能区表格工具"布局"选项卡下"行和列"组的"在上方插入"按钮或"在下方插入"按钮，即可在单元格的上方或下方插入一个新行；单击"在左侧插入"按钮或"在右侧插入"按钮，可以在单元格的左侧或右侧插入一个新列。也可以点击鼠标右键，在弹出的快捷菜单中通过"插入"命令进行插入。

◇在表格中插入单元格：只需要将光标定位到某一单元格，点击鼠标右键，在弹出的快捷菜单中单击"插入"命令下的"插入单元格"，弹出"插入单元格"对话框，如图3—40所示。

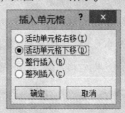

图3—40　"插入单元格"对话框

2. 删除行/列/单元格

◇删除表格中的某一行或某一列，先将光标定位到此行或此列中的任一单元格中，再单击功能区表格工具"布局"选项卡下"行和列"组的"删除"按钮，在弹出的下拉列表框中根据需要单击相应选项即可。若一次要删除多行或多列，则需要先选中要删除的多行或多列，再执行上述操作。

◇也可以点击鼠标右键，在弹出的快捷菜单中选择"删除单元格"命令，弹出"删除单元格"对话框，如图3—41所示。

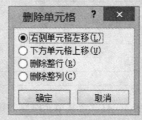

图3—41　"删除单元格"对话框

步骤二 编辑表格

（1）选择部分单元格。

选择单元格的方法见表 3—3。

表 3—3　　　　　　　　　　　　　　选择单元格的方法

选择一个单元格	将鼠标指向单元格内左下角处，光标呈右上角方向黑色实心箭头，单击左键
选择一行	鼠标指向该行左端边沿处（即选定区），单击左键（用鼠标拖动可以选择多行）
选择一列	鼠标指向该列顶端边沿处，光标呈向下黑色实心箭头，单击左键（用鼠标拖动可以选择多列）
选择整个表格	单击表格左上角的十字光标

（2）合并或拆分单元格。

选择位于第 5 列上面的 4 个单元格，选择"表格工具"下的"布局"选项卡，在"合并"组中单击"合并单元格"按钮，进行单元格的合并，如图 3—42 所示。选择位于第 5 行的第 4 列和第 5 列的两个单元格，在弹出的快捷菜单中选择"合并单元格"命令，用同样的方法合并表格的其他相应单元格，效果如图 3—43 所示。如果要进行单元格的拆分，与合并操作类似，选择"拆分单元格"命令即可。

图 3—42　"合并"组中的"合并单元格"

招聘人员登记表

图 3—43　合并单元格后效果

（3）调整行高和列宽。

选择前 6 行单元格，选择"布局"选项卡，在"单元格大小"组中的高度数值框中输入 1 厘米，如图 3—44 所示；选择最后两行，选择"布局"选项卡，在"单元格大小"组中的高度数值框中输入 8 厘米。设置后效果如图 3—45 所示。如果要改变某列的宽度或某行的高度，把鼠标放在列线或行线上，光标形状改变时，拖动鼠标即可。

图 3—44 "单元格大小"组的高度设置

招聘人员登记表

图 3—45 高度设置后效果

77

（4）输入文字，设置表格文字字体。

输入文字，设置表格内的字体为"楷体"，字号为"四号"，设置后的效果如图3—46所示。

招聘人员登记表

姓　名		性　别			
学　历		出生年月			
专　业		民　族			
毕业院校		身份证			
要求待遇		电子邮件			
联系电话		联系地址			
工作简历					
特别提示	1、本人承诺保证所填写资料真实。 2、保证遵守公司招聘有关规程和国家有关法规。 3、请填写好招聘登记表，带齐照片、学历、职称证书的有效证件及相关复印件。				

图3—46　输入文字后效果

步骤三　美化表格

（1）设置单元格对齐方式。

选择整个表格，选择"布局"选项卡下"对齐方式"组中的"水平居中"按钮，并对文字做适当距离的调整，效果如图3—47所示。

招聘人员登记表

姓　名		性　别		
学　历		出生年月		
专　业		民　族		
毕业院校		身份证		
要求待遇		电子邮件		
联系电话		联系地址		
工 作 简 历				
特 别 提 示	1、本人承诺保证所填写资料真实。 2、保证遵守公司招聘有关规程和国家有关法规 3、请填写好招聘登记表，带齐照片、学历、职称证书 的有效证件及相关复印件。			

图 3—47　单元格水平居中效果

（2）设置边框和底纹。

选择整个表格，点击鼠标右键，在快捷菜单上选择"边框和底纹"命令，打开"边框和底纹"对话框，如图 3—48 所示，设置边框为"粗细双线"应用于外边框，内边框为默认，设置部分单元格底纹为"白色，背景 1，深色 35％"，设置后的效果如图 3—49 所示；或者选择"设计"选项卡下的"表格样式"组，在"边框"选项卡页面可选择边框样式、颜色、宽度，在"底纹"选项卡中可选择底纹颜色、图案等。

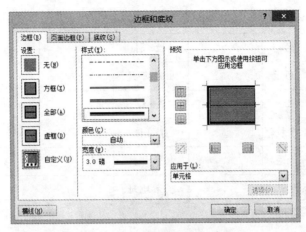

图 3—48　"边框和底纹"对话框

招聘人员登记表

姓　名		性　别		
学　历		出生年月		
专　业		民　族		
毕业院校		身份证		
要求待遇		电子邮件		
联系电话		联系地址		
工作简历				
特别提示	1、本人承诺保证所填写资料真实。 2、保证遵守公司招聘有关规程和国家有关法规。 3、请填写好招聘登记表，带齐照片、学历、职称证书的有效证件及相关复印件。			

图 3—49　边框和底纹设置后效果

知识详解

　　Word 2010 提供了 30 多种预置的表格样式，无论是新建的空白表格还是已输入数据的表格，都可以通过套用表格样式来快速美化表格。

　　设置方法为：将插入点置于表格内，单击功能区表格工具"设计"选项卡下"表格样式"组的"样式"列表框右下方的"其他"按钮，打开样式列表，在列表中选择要使用的表格样式，或者选择"修改表格样式"，弹出"修改样式"对话框后进行设置，如图 3—50 所示，系统自动为表格添加上边框和底纹。

图 3—50　"修改样式"对话框

二、 制作工资统计表

步骤一　插入和编辑表格

　　（1）插入表格。将插入点定位在插入表格的位置，选择"插入"选项卡，在"表格"组中单击"表格"按钮，在弹出的下拉列表框中，选择"插入表格"命令，弹出"插入表格"对话框，设置列数为 6，行数为 5。

　　（2）编辑表格。输入文字，设置文字字体和字号为"华文新魏，三号"；选中表格第一行，选择"布局"选项卡，在"单元格大小"组中的高度数值框中输入 1.5 厘米，效果如图 3—51 所示。

姓名	岗位	津贴	考核	加班	合计
张惠	600	350	580	340	1870
王志锋	610	400	600	400	2010
李莉莉	560	320	550	330	1760
段胜利	620	500	650	400	2170

图 3—51　编辑表格后效果

步骤二　美化表格

选择整个表格，设置单元格对齐方式为"水平居中"；单击鼠标右键，在快捷菜单上选择"边框和底纹"命令，在弹出的"边框和底纹"对话框中，设置边框为"红色，3磅单线"应用于外边框，内边框为默认，设置第一行单元格底纹为"深蓝，文字2，淡色40％"，设置后的效果如图 3—52 所示。

姓名	岗位	津贴	考核	加班	合计
张惠	600	350	580	340	
王志锋	610	400	600	400	
李莉莉	560	320	550	330	
段胜利	620	500	650	400	

图 3—52　美化表格后效果

知识详解

在 Word 文档中，我们经常需要给表格绘制斜线表头，而在 Word 2010 中没有"斜线表头"命令，这里我们就可以应用以下方法制作斜线表头。

(1) 单斜线绘制：将光标定位到需要添加斜线表头的单元格内，选择"开始"选项卡，在"段落"组中选择"框线"下拉列表中的"斜下框线"命令，如图 3—53 所示。设置后的效果如图 3—54 所示。

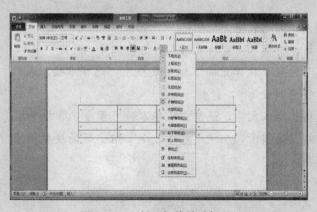

图 3—53　斜下框线的选择

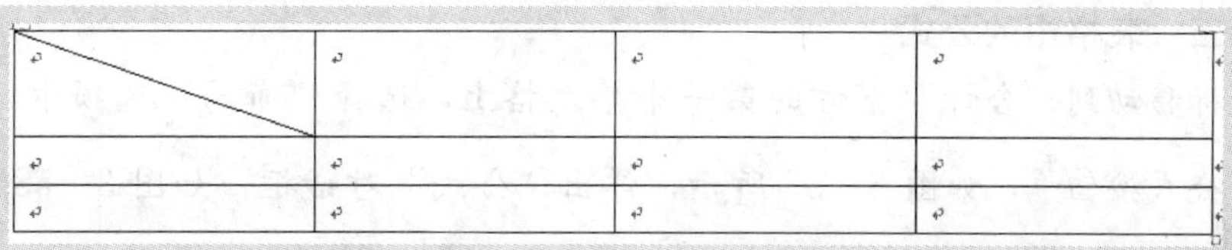

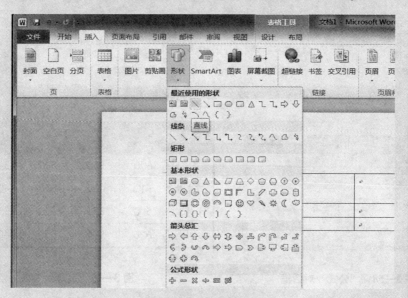

图 3—54   单斜线表头设置后效果

（2）双斜线绘制：选择"插入"选项卡，在"插图"组中选择"形状"下拉列表中的"直线"，如图 3—55 所示，然后从单元格左上角拖动。重复以上操作，可插入另一条斜线。设置后的效果如图 3—56 所示。

图 3—55   插入直线

图 3—56   双斜线表头设置后效果

（3）表头文字录入：有两种方法，一是按"Enter"键或空格键把光标移动到合适位置进行文字输入；二是使用之前介绍过的插入文本框的方法，把文本框放置在合适位置后输入文字，进行边框和底纹设置即可。

步骤三　表格中的公式

将光标移动到"合计"下方的第一个单元格上，选择"布局"选项卡，在"数据"组中单击公式按钮 fx，如图 3—57 所示，弹出"公式"对话框，如图 3—58 所示，在公式栏里输入"=SUM（LEFT）"，单击"确定"按钮，光标处出现结果。复制该单元格内容到其他三个空白单元格，选中最后一列有数据的单元格，按 F9 键进行更新，效果如图 3—59 所示。

图 3—57　公式的插入

图 3—58　"公式"对话框

姓名	岗位	津贴	考核	加班	合计
张惠	600	350	580	340	1870
王志峰	610	400	600	400	2010
李莉莉	560	320	550	330	1760
段胜利	620	500	650	400	2170

图 3—59　运算后效果

知识详解

在 Word 2010 的表格中，可以进行比较简单的四则运算和函数运算。一般的计算公式可以用引用单元格的形式，如某单元格"=（A2＋B2）＊3"，即表示第一列的第二行加第二列的第二行然后乘以 3。表格中的列数可用 A、B、C、D 等表示，行数用 1、2、3、4 等表示。

利用函数可使公式更加简单，如"=SUM（A2：A80）"即表示求出从第一列第 2 行到第一列第 80 行之间的数值总和，"=SUM（Above）"表示求上面所有单元格的数值总和，"=SUM（LEFT）"表示求左面所有单元格的数值总和。常用的函数有：求和函数 SUM（）、求平均值函数 AVERAGE（）等。

任务小结

本任务主要介绍了 Word 中表格的制作，包括表格的插入、编辑、美化及公式运用四个方面。通过本任务的学习，同学们能够掌握表格的插入、单元格的选择、行高和列宽的调整、列或行的插入和删除、合并和拆分单元格、单元格对齐方式和边框底纹的设置、公式的运用等。

任务4 邮件合并

在日常生活、工作中，经常会遇到需要处理大量报表、信件的情况，如录取通知书、毕业证、会议通知、邀请函等，这些报表和信件的主要内容、格式都相同，只有具体的数据不同。为减少重复性工作，Word 提供了邮件合并功能。

任务描述

小胡是某电脑公司总经理助理，因业务发展需要，公司近期要举办新老客户茶话会，为了通知到每一位同事，她需要批量制作邀请函，以便将邀请函正式传达到每一位员工。

任务准备

- 页面设置
- 创建主文档
- 制作邮件合并数据源
- 合并邮件

任务实施

制作与会人员的基本数据是制作邀请函的准备工作，需要制作一张参会人员的资料表，还需要制作一个用于给每个参会人员发送邀请函的主体内容文档。

步骤一 制作邀请函主体文档

新建一个空白文档，命名为"邀请函主体文档.docx"。在"页面布局"选项卡下

"页面设置"组中设置"纸张方向"为"横向";在"纸张大小"中设置"宽度"为18厘米,"高度"为15厘米;单击"页边距"下拉按钮"自定义页边距",在"页面设置"对话框的"页边距"选项卡中设置"上"、"下"、"左"、"右"均为2厘米。输入通知文本内容并设置好格式,邀请函样本如图3—60所示。

邀请函

尊敬的:

为答谢您长期以来对我公司的关爱,兹定于 2016

年1月1日18:00于我公司1201室举办茶话会。

特邀您届时拨冗莅临为盼!

星捷科技有限公司

二〇一五年十二月十日

图3—60 主体文档

步骤二 创建数据源

主体文档已建立完成,接下来创建数据源。新建一个新的 Word 文档,命名为"邀请函数据源.docx",根据需要插入表格,输入参会人员的姓名、性别等信息,保存并关闭。数据量大且有规律,为提高效率也可在 Excel 中输入数据。数据源如图3—61所示。

姓名	性别	联系方式
冯子龙	男	13590912345
何向银	女	13590912346
姜晨晨	女	13590912347
姜孟豪	男	13590912348
李昂通	男	13590912349
李邦魁	男	13690912350
李争光	男	13690912351
刘备	女	13690912352
毛海凤	女	13690912353
帅亚丽	女	13690912354
孙梦芳	女	13690912355
田晨晨	女	13790912356
田楚楚	女	13790912357
仝帅丽	女	13790912358
宛壮	男	13790912359
王超凡	男	13890912360
王孝茹	女	13890912361
徐志鹏	男	13890912362
袁占魁	男	13890912363

图3—61 数据源表格

步骤三　邮件合并

（1）打开主体文档"邀请函主体文档.docx"。在主体文档中选择"邮件"选项卡，在"开始邮件合并"组中单击"选择收件人"下拉按钮选择"使用现在列表"，弹出"选取数据源"对话框，如图3—62所示。找到"邀请函数据源.docx"，打开或直接双击即可，此时"邀请函数据源.docx"便被加载到"邀请函主体文档.docx"中。

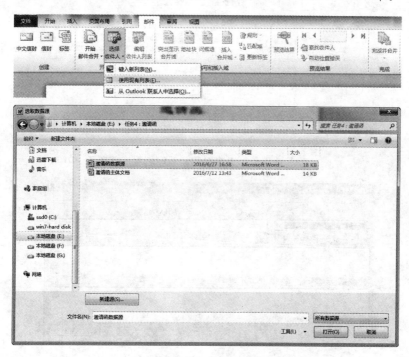

图3—62　邮件合并

（2）在邀请函主体文档中插入合并域。将光标定位在"尊敬的"后边，在"邮件"选项卡下"编写和插入域"组中单击"插入合并域"下拉列表，选择"姓名"选项，如图3—63所示。

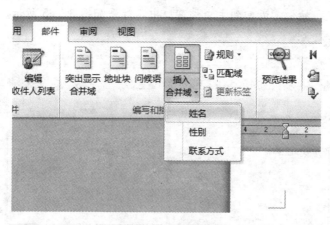

图3—63　插入合并域

（3）设置"编写和插入域"的"规则"。将光标定位在"《姓名》"后面，在"编写和插入域"组中单击"规则"按钮，打开下拉"规则"列表，选择"如果…那么…否则"选项，弹出"插入 Word 域：IF"对话框，如图 3—64 所示。

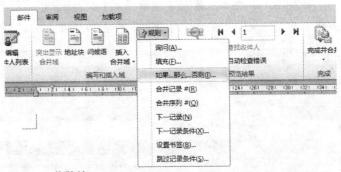

图3—64　条件合并于域

（4）设置"性别"规则。在"域名"下拉列表框中选择"性别"选项，在"比较条件"下拉列表框中选择"等于"选项，在"比较对象"文本框中输入"女"，在"则插入此文字"文本框中输入"女士"，在"否则插入此文字"文本框中输入"先生"，设置完毕后，单击"确定"按钮，返回到主文档窗口中，效果如图 3—65 所示。

图3—65　合并效果

（5）在"预览结果"组中单击"预览结果"按钮，便可预览合并后的效果，此时主文档中的所有关键字将替换为真实的内容，如图3—66所示。

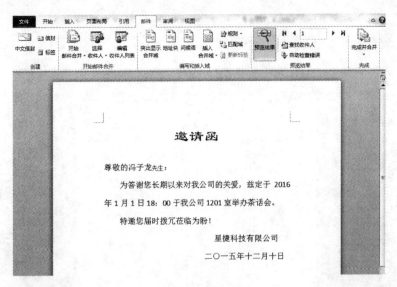

图3—66　预览结果

（6）在"预览结果"组中单击"上一个"或"下一个"按钮，可以依次浏览生成的每一个邀请函，如图3—67所示。

（7）在"预览结果"组中，如果所生成的邀请函没有问题，那么便可单击"完成"组中的"完成并合并"下拉按钮，选择"编辑单个文档"选项，弹出"合并到新文档"对话框，选择需要合并的记录，如图3—68所示。

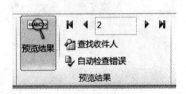

图3—67　预览结果选项卡

图3—68　合并到新文档

（8）至此，邮件合并操作完成，Word 将自动新建一个以信函 1 为文件名的新文档，并在新文档中创建多份邀请函，每份邀请函中除了姓名、称谓不同，其他内容都相同，效果如图 3—69 所示。

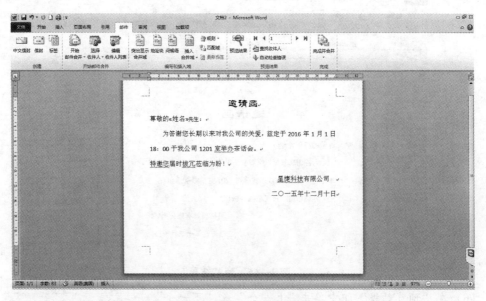

图 3—69　邮件合并完成效果图

项目小结

　　本项目详细而又全面地介绍了 Word 2010 的相关知识，通过案例对知识点进行讲解，紧扣实际应用。本项目的主要内容包括 Word 基本操作、格式化 Word 文档、制作图文并茂的 Word 文档、制作表格、编辑长文档、使用邮件合并技术等。通过本项目的学习，同学们能够掌握 Word 2010 文字处理软件的强大功能，充分体会 Word 2010 在文档处理方面的专业性、高效性、全面性和人性化，可以较熟练地创建和处理不同风格的文档。

思考与练习

一、选择题

1. 下列说法中正确的是____。

　　A. 第二次保存时的保存位置默认的就是第一次保存时的位置

B. 在"开始"选项卡中也有"保存"按钮

C. 在 Word 中只能以 Word 文档类型保存

D. 文件保存的位置既可以是硬盘也可以是软盘

2. 用鼠标选定一个段落的文本，正确的操作是____。

A. 单击该段左侧文本选择区
B. 双击该段左侧文本选择区

C. 三击该段左侧文本选择区
D. 以上均不对

3. 新建文档的快捷键是____。

A. Alt ＋ N
B. Ctrl ＋ N
C. Shift ＋ N
D. Ctrl ＋ S

4. 下列有关"另存为"对话框的说法中不正确的是____。

A. 在"保存位置"下拉列表中可以选择保存的位置

B. 文件要保存的类型可以是 Word 文档，也可以是其他类型

C. 文件名可以是已经存在的文件名，也可以是新的文件名

D. 最后单击"确定"按钮即可实现保存

5. "字体"下拉按钮位于"开始"选项卡的____。

A. "字体"组
B. "文本"组
C. "符号"组
D. "样式"组

6. 要改变字体的第一步应该是____。

A. 选定将要改变成何种字体
B. 选定原来的字体

C. 选定要改变字体的文字
D. 选定文字的大小

7. 下列说法中不正确的是____。

A. "纵横混排"选项位于"开始"选项卡下"段落"组的"中文版式"中

B. 取消"适应行宽"复选框是为了设置混排后的文字是否还只占单个字所占的行宽

C. 单击"纵横混排"选项中的"确定"按钮之后可以将横向字设为纵向

D. "纵横混排"对话框的底部是预览框

8. 在 Word 中，下列说法中正确的是____。

A. 使用"查找"命令时，可以区分全角和半角字符，但不能区分大小写字符

B. 使用"替换"命令时，发现内容替换错了，可以用"复原"命令还原

C. 使用"替换"命令进行文本替换时，只能替换半角字符

D. 在"替换"时，可以"全部替换"

9. 下面哪个选项不是"页面设置"对话框中的选项卡____。

A. 页边距
B. 纸张
C. 版式
D. 对齐方式

10. 下列有关页眉和页脚的说法中不正确的有____。

A. 只要将"奇偶页不同"这个复选框选中，就可以在文档的奇、偶页中插入不同的页眉和页脚内容

B. 在输入页眉和页脚内容时还可以在每一页中插入页码

C. 可以将每一页的页眉和页脚的内容设置成相同的内容

D. 插入页码时必须每一页都要输入页码

11. 下列说法中不正确的是____。

    A. 在"宽度和间距"选项下，不能根据需要设置每个栏的宽度和间距

    B. "分隔线"是加在相邻两个栏之间的

    C. 在"分栏"对话框的右下部分是预览框

    D. 在进行分栏前先将要进行分栏操作的文字选中

12. 下列关于图形或图片的叙述中，错误的是____。

    A. 依次单击各个图形可以选择多个图形

    B. 按住"Shift"键，依次单击各个图形可以选择多个图形

    C. 单击"绘图工具"的"格式"选项卡中的"选择窗格"按钮，在"选择和可见性"任务窗格中按住"Ctrl"键的同时选择"此页上的形状"，把将要选择的图形包括在内

    D. 单击图形或图片，选中图形或图片后，才能对其进行编辑操作

13. "表格"命令位于____选项卡的"表格"功能组中。

    A. 视图   B. 开始   C. 页面布局   D. 插入

14. 在 Word 2010 中，下列关于表格操作的叙述中不正确的是____。

    A. 可以将表中两个单元格或多个单元格合并成一个单元格

    B. 可以将两张表格合并成一张表格

    C. 不能将一张表格拆分成多张表格

    D. 可以将表格加上实线边框

15. 要插入一个文本框，可以____，单击"文本框"按钮。

    A. 选择"开始"选项卡   B. 选择"插入"选项卡

    C. 选择"视图"选项卡   D. 选择"页面布局"选项卡

二、 简答题

1. Word 2010 中格式刷的作用是什么？怎么使用？

2. Word 2010 段落的对齐方式有几种？Word 2010 的表格单元格文本对齐方式有几种？

3. 艺术字的"格式"选项卡中，"形状轮廓"和"文本轮廓"命令的区别是什么？

4. 请列出将一张图片作为文档背景的至少两种方法。

5. Word 表格中，调整单元格的高度和宽度有几种方法？

三、 实训任务

实训 1：唐诗欣赏

按照以下要求创建 Word 文档：

（1）录入如图 3—70 所示的文字。

（2）设置唐诗的正文字体为隶书，字号为三号，段后间距为 1 行。

（3）插入竖排文本框，输入文字"登鹳雀楼"，设置字体为"华文琥珀"，字号为二号，字体颜色为标准色蓝色，居中。设置文本框的版式为"四周型"，高度为 6 cm，宽度为 1.5 cm，文本框线条颜色：无线条。

（4）插入"登鹳雀楼.jpg"，文字环绕方式为"四周型"，位置如图 3—70 所示。

（5）选中从"简析"到最后的文字，设段后间距为 1 行，首行缩进 2 个字符。

（6）在文档页眉处输入"唐诗欣赏"，样式为"空白样式"；在文档页脚处输入"我对唐诗的理解"，字号为三号，字体颜色为标准色红色，居中，并对文字设置底纹，底纹颜色为标准色蓝色，页脚边距为 7 cm。

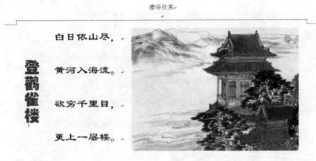

图 3—70　"唐诗欣赏"文档效果图

实训 2：云计算原理与技术

按照以下要求创建 Word 文档：

（1）录入如图 3—71 所示的文字。

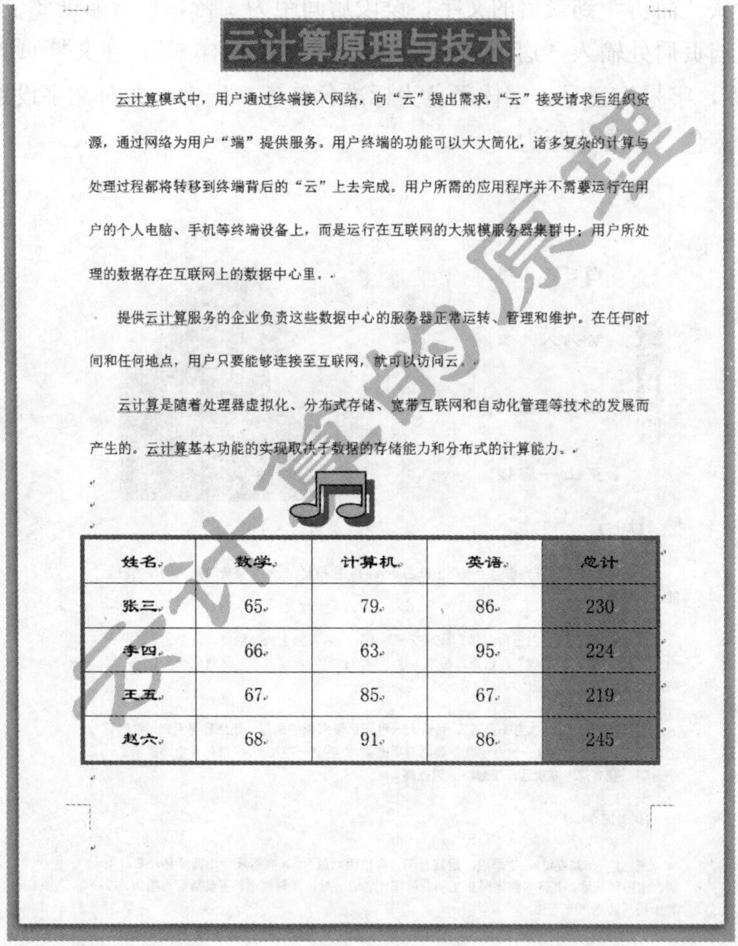

云计算原理与技术

云计算模式中，用户通过终端接入网络，向“云”提出需求，“云”接受请求后组织资源，通过网络为用户“端”提供服务。用户终端的功能可以大大简化，诸多复杂的计算与处理过程都将转移到终端背后的“云”上去完成。用户所需的应用程序并不需要运行在用户的个人电脑、手机等终端设备上，而是运行在互联网的大规模服务器集群中；用户所处理的数据存在互联网上的数据中心里。

提供云计算服务的企业负责这些数据中心的服务器正常运转、管理和维护。在任何时间和任何地点，用户只要能够连接至互联网，就可以访问云。

云计算是随着处理器虚拟化、分布式存储、宽带互联网和自动化管理等技术的发展而产生的。云计算基本功能的实现取决于数据的存储能力和分布式的计算能力。

姓名	数学	计算机	英语	总计
张三	65	79	86	230
李四	66	63	95	224
王五	67	85	67	219
赵六	68	91	86	245

图 3—71 “云计算原理与技术”文档效果图

（2）将标题设置为一号、黑体、标准色红色、加粗、居中，设置文字标准色红色边框和标准色蓝色底纹。

（3）将正文段落设置首行缩进 2 个字符，2 倍行距，在正文最后插入剪贴画（music，音乐），并调整到合适大小，同时设置环绕方式为“四周型”，移动剪贴画使其居中。

（4）将表格中的全部内容设置为水平居中，字体为隶书、四号，将文字“总计”列设置为标准色蓝色底纹，并用公式计算每个人的总计。

（5）将表格外边框设置为红色、3 磅、单实线，内边框设置为红色、1 磅、单实线。

（6）设置页面纸型为 16K，左、右页边距为 1.9 cm，上、下页边距为 3 cm。

（7）设置文字水印，文字为“云计算的原理”，字体为隶书，大小为 105，颜色为标准色蓝色。

实训 3：空分多址和蓝牙技术

按照以下要求创建 Word 文档，输入如图 3—72 所示的文字，制作表格，并编辑排版出图片所给的效果。

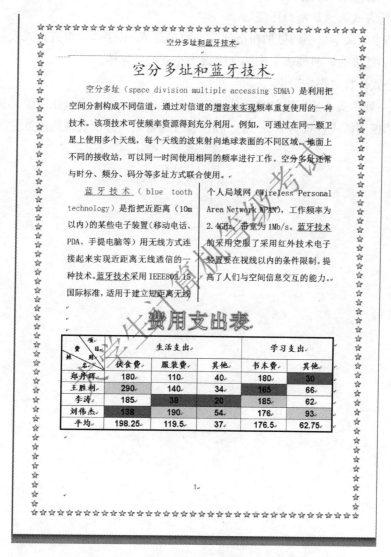

图 3—72　"空分多址和蓝牙技术"文档效果图

其中：

（1）标题是二号楷体、蓝色且居中，文字是小四号宋体字，每段的首行有两个汉字的缩进，文字中有不同的颜色，第二段分栏显示。

（2）文档选用的纸型为 B5，上、下、左、右边界均为 2.5 cm。

（3）"段前"、"段后"间距均设为"0 行"；"行距"设为"1.5 倍行距"。

（4）为整个文档添加任一种"艺术边框"。

（5）正文中用"大学生计算机等级考试"，且设置成"红色（半透明）"水印。

（6）页眉设定为文章的标题、页脚设定为页码，页眉、页脚均为五号黑体字，且居中显示。

（7）表格的标题"费用支出表"是艺术字（可以是"艺术字库"中的任意一种式样），自动换行方式为"紧密型环绕"。

（8）表格中的文字是小四号加粗楷体字、数字是 Arial 字体，对齐方式设置为"水平居中"。制作斜线表头，斜线表头中的文字设为小五号、宋体。

（9）用公式计算"平均"。

（10）每一列中最小值所在的单元格设定为红色底纹，最大值所在的单元格设定为黄色底纹。表格四周框线设置为 2.25 磅，颜色设置为自动，其余表格线的宽度为默认。

项目四

Excel 2010 电子表格应用

Excel 2010 电子表格是微软公司开发的 Microsoft Office 2010 办公软件中的一个重要组件。众所周知，形容词 Excellent 是优秀的、卓越的、杰出的意思。软件开发者使用 Excel 作为组件名称，足以看出其对本组件的喜爱与满意。Excel 2010 电子表格擅长大量数据的录入、格式设置、计算与存储，可以灵活地进行各种汇总、统计、处理与分析，还可以轻松地制作各种出色的图表等，是实现数据存储、统计、处理与分析的优秀工具。使用 Excel 不仅可以提高工作效率，而且可以拓展数据的信息含量，因此，该组件起名为"Excel"可谓"实至名归"。目前，Excel 广泛应用于财务、经济、统计、审计和个人事务处理等众多领域，深受使用者的喜爱。

本项目将介绍如何进行电子表格的制作，如何对电子表格进行正确的数据录入，如何进行单元格格式的设置与美化，如何进行公式的书写与基本函数的运用，如何进行图表的制作与调整，如何对数据进行排序、筛选、分类汇总等处理，如何进行页面布局等打印技巧的设置。通过对本项目的学习，同学们可以轻松、熟练地掌握有关电子表格的各项基本操作。

任务1 Excel 基础——制作销售统计表

任务描述

王宇航是某电脑公司销售门店的工作人员，公司每周要对该门店所销售的电脑散件进行统计，以实现每月核算和及时补货。王宇航负责一周销售统计表的制作，经过精心设计与制作，最终效果如图 4—1 所示。

任务准备

- 初识 Excel 文件
- 工作表的基本操作
- 数据的录入与自动填充
- 单元格格式设置

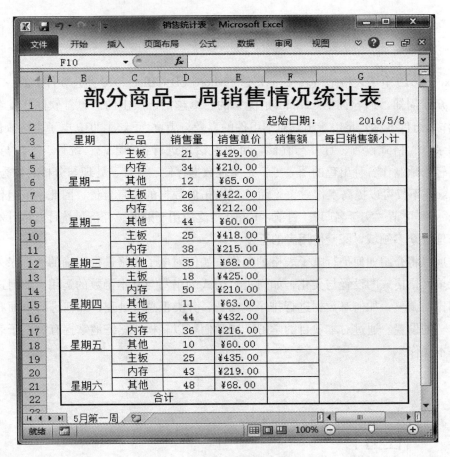

图4—1 销售统计表效果图

任务实施

一、 初识 Excel 文件

1. Excel 文件的创建和保存

单击"开始"→"所有程序"→"Microsoft Office"→"Microsoft Office Excel 2010"命令,即可启动 Excel 2010,创建一个新的 Excel 文件。

Excel 启动后系统将自动打开一个新的文件,名为"工作簿1.xlsx",工作簿文件的扩展名为".xlsx"。这样创建的新文件暂时属于"黑户",因为它还没有正式"落户"在电脑里,既没有正式的文件名,也没有设置存储位置。单击"文件"→"保存"命令,将会出现"另存为"对话框,以便让我们在电脑中为其选择存储位置,并输入正式的文件名。如图4—2所示,在此对话框中选择要存入的文件夹,输入文件名"销售统计表",然后单击"保存"按钮。操作完成之后,这个 Excel 文件才可以算是正式在电脑中"安家落户"了。

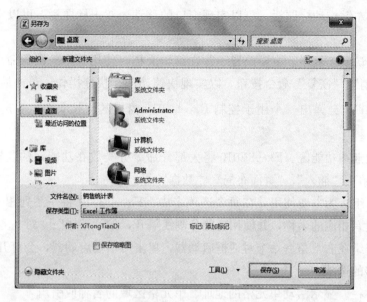

图 4—2　"另存为"对话框

操作结束时，一般需要将处理过的文件保存好，再退出 Excel 2010。此时，可以再次单击"文件"→"保存"命令，或者使用快捷键"Ctrl＋S"，或者单击窗口左上角的保存按钮"🖫"来完成保存文件的操作。不过，这时因为此文件不是第一次保存，所以将不会出现"另存为"对话框。

要退出 Excel 2010，可以单击窗口右上角的"关闭"按钮"▆▆▆"，或者双击窗口左上角的 Excel 软件图标"🅇"。

2. 认识 Excel 2010 工作界面

启动 Excel 2010 后，系统会自动打开一个工作簿，一个工作簿即一个 Excel 2010 文件。Excel 2010 的工作界面如图 4—3 所示。

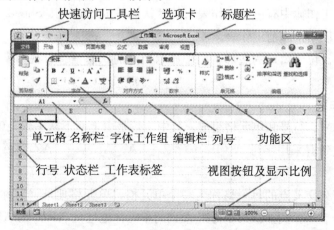

图 4—3　Excel 2010 主界面

（1）标题栏。位于窗口的顶部，显示程序名称 Microsoft Excel 和当前所编辑的文件名。使用鼠标左键拖动标题栏，可以实现窗口的移动。双击标题栏，可以实现窗口的最大化和还原。

（2）快速访问工具栏。主要放置一些在编辑文档时使用频率较高的命令，默认显示"保存"、"撤销"、"恢复"命令按钮，以实现快速访问、快捷操作。单击最左端的 Excel 软件图标"**X**"，会弹出一个用于控制 Excel 2010 窗口的下拉菜单。双击该软件图标，可以关闭文件。

（3）选项卡和功能区。Excel 2010 将大部分命令分类放在功能区的各选项卡上，如"文件"、"开始"、"插入"、"页面布局"、"数据"等。

（4）工作组。为方便使用，在每个选项卡中，Excel 2010 将一系列相关命令集中放置在一起，起有相应的名称，并使用功能分割线隔开，如"字体"、"对齐方式"、"数字"等。某些工作组在右下角有一个对话框启动器，单击对话框启动器，会打开一个对话框，出现该组更多的选项。

（5）名称栏。显示活动单元格的地址、单元格区域的名称或引用。

（6）编辑按钮。在活动单元格进行数据输入或修改时，可以通过编辑栏左侧的编辑按钮"**× ✓ fx**"分别实现"取消当前输入"（也可以按"Esc"键实现）、"确认当前输入"（也可以按"Enter"键实现）和"插入函数"的功能。

（7）工作表区。编辑栏下方的工作表区，是 Excel 2010 窗口的主体，用于存放表格的数据。工作表由列号、行号和单元格组成。列号在工作表的上端，共有 16 384 列；行号在工作表的左端，共有 1 048 576 行。

有时，我们会觉得功能区占据了工作表区的空间，希望将功能区收起，必要时再将之展开，此时我们可以单击位于标题栏右下方的按钮"**⌃**"（功能区最小化）、"**⌄**"（展开功能区）。

（8）工作表标签。每个工作表有一个名字，称为标签，位于工作表区底部左端。默认情况下，一个工作簿中有三个工作表，其默认标签为 Sheet1、Sheet2 和 Sheet3。单击工作表标签，可以切换当前工作表。

（9）状态栏。位于窗口的底部，用于显示当前的状态信息、视图模式、缩放级别和显示比例等。

3. 认识工作表

工作表由列号、行号和单元格组成。其中，行是由上而下从 1 到 1 048 576 进行编号的；列号则由左到右采用字母 A、B、…、Z，AA、AB、…、AZ，BA、BB、…、XFD 来表示。

工作表中行列交叉点的每一格称为一个单元格，单元格地址（名称）由该单元格所处的列号和行号表示。例如：第 1 行第 A 列的单元格地址（名称）为 A1，单击这个单元格时，该单元格被选中，成为活动单元格，框线变成粗黑线，其名称 A1 将显示在名称栏中。如图 4—3 所示，A1 是活动单元格，此时我们可以向活动单元格内输入数据。

在 Excel 中可以选中连续的单元格，即单元格区域。如选中区域 A1：B2，则指单击该区域的第一个单元格 A1，然后按住鼠标左键拖选至最后一个单元格 B2，选中的区域如图 4—4 所示，此时整个区域 A1：B2 被粗黑的外框线包围，左上角的活动单元格 A1 为亮白效果显示，名称栏中显示 A1。

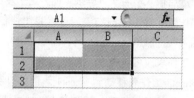

图 4—4　单元格区域的选中

4. 单元格选取的方法

（1）选定单个单元格。直接单击所需的单元格即可。

（2）选定连续的单元格区域。如选择 A1：D5（4 列 5 行）单元格区域，首先单击 A1 单元格，然后按住 "Shift" 键的同时，单击 D5 单元格。

（3）选定不连续的单元格区域。按住 "Ctrl" 键的同时，逐个单击要选取的单元格。

（4）选取整个工作表。按 "Ctrl＋A" 组合键，或者单击工作表左上角行号与列号交叉点的 "全选" 按钮。

（5）选择整行/整列。直接单击行号/列号即可。如果配合 "Shift" 键的同时单击行号/列号，则可以实现连续行/连续列的选取；如果配合 "Ctrl" 键的同时逐个单击行号/列号，则可以实现不连续行/不连续列的选取。

二、　制作销售统计表

步骤一　录入数据

（1）Excel 文件的创建和保存。单击 "开始" →"所有程序" → "Microsoft Office" → "Microsoft Office Excel 2010" 命令，创建一个新的 Excel 文件 "工作簿 1.xlsx"，按下快捷键 "Ctrl＋S"，保存文件为 "销售统计表.xlsx"。

双击工作表标签 Sheet1，输入新的工作表标签 "5 月第一周"，按 "Enter" 键确认。分别对工作表标签 Sheet2、Sheet3 单击右键，选择快捷菜单中的 "删除" 命令，如图 4—5 所示，删除工作表 Sheet2、Sheet3。

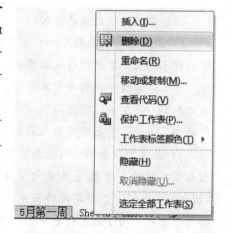

图 4—5　对工作表操作的快捷菜单

知识详解

　　单击工作表标签右边的图标"　"，可以增加一个空白工作表。双击工作表标签，然后输入新名字，可以实现为工作表标签改名。

　　另外，在工作表标签上单击右键，可以弹出快捷菜单，如图4—5所示。其中的"插入"、"删除"、"重命名"命令，分别可以实现工作表个数的增加、减少、工作表改名等操作。

　　如果想把Sheet3工作表移动到Sheet1之前，只需在Sheet3标签上按下鼠标左键不放，拖动鼠标到Sheet1标签之前松开即可。

　　（2）录入文字。单击B1单元格，输入主标题"部分商品一周销售情况统计表"，按"Enter"键确认。同样方法，在F2单元格中输入"起始日期："，在G2单元格中输入"2016/5/8"。分别在第3行相应单元格内输入列标题名称，在B4单元格内输入相应的文本内容。如图4—6所示。

	A	B	C	D	E	F	G	
1		部分商品一周销售情况统计表						
2						起始日期：	2016/5/8	
3		星期	产品	销售量	销售单价	销售额	每日销售额小计	
4		星期一	主板					
5			内存					
6			其他					

图4—6　标题位置对应图

　　（3）常用类型数据的输入：

　　1）文本型数据的输入。文本型数据包括汉字、英文字母、字符串以及作为字符串处理的数字。文本型数据输入后在单元格内自动左对齐。通常电话号码、邮政编码、身份证号、编号等数字也作为文本处理，输入时在数字前加上一个西文单引号"'"，即可变成文本类型。例如，需要输入"001"，应输入"'001"，此时在单元格左上角会出现绿色的小三角形，并且数据自动左对齐，表示此数据是文本型数据。

　　2）数值型数据的输入。数值型数据指用来计算的数据。数值型数据输入后在单元格内自动右对齐。当数字长度大于11位时，会自动改为科学计数法表示。例如，输入"1234567890123"，则单元格显示的值为"1.235E+12"，表示1.235乘以10的12次方。输入分数时，为了避免将分数当做日期，应在分数前加上0和空格。例如，输入"2/5"将显示为"2月5日"，应改成输入"0 2/5"才能正确显示。

　　3）日期型数据与时间型数据的输入。日期型数据与时间型数据是特殊的数值型数据，数据输入后在单元格内自动右对齐。日期型数据的年、月、日之间要用"/"或"—"隔开。时间型数据的时、分、秒之间要用"："隔开。时间型有 24 小时制和 12 小时制之分，默认采用 24 小时制，12 小时制需要在时间后加一个空格并输入"AM"或"A"表示上午，"PM"或"P"表示下午。如果在同一单元格内输入日期和时间，则两者必须用空格分开。

如果单元格中显示"＃＃＃＃"号，则表示这一列没有足够的宽度来显示该数字。在这种情况下，只要改变数字格式或者改变列宽即可。

步骤二　自动填充数据

（1）填充有规律的内容。在 B4 单元格内输入"星期一"，按"Enter"键确认。选中 B4：B6 单元格区域，单击"开始"选项卡下"打开方式"工作组的"合并后居中"命令按钮"＋＿▼"和同一工作组的"底端对齐"按钮"≡"，使"星期一"在合并后的 B4：B6 单元格区域靠下、水平居中位置显示。然后选中 B4：C6 单元格区域，区域外框线变成粗黑线，将鼠标指针指向外框线的右下角位置，鼠标指针将变成黑色十字形"＋"，此时，按下鼠标左键向下拖动至 21 行，数据将实现自动填充效果。如图 4—7 所示，可以看到，"星期"实现了从"星期一"到"星期六"的序列填充，"产品"内容实现了复制填充。

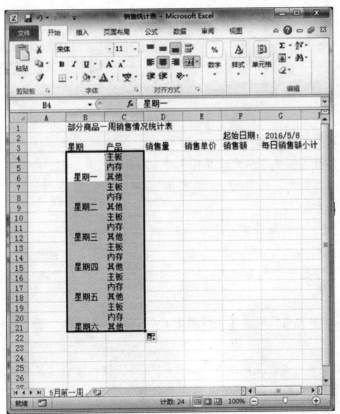

图 4—7　自动填充数据

（2）合并单元格。单击 B22，在按住"Shift"键的同时，单击 E22，选中 B22：E22 单元格区域，单击"合并后居中"按钮""，将单元格合并在一起，输入"合计"，按"Enter"键确认。同样地，选中 B2：G2 单元格区域，将单元格合并在一起，达到跨栏标题的效果。选中 G4：G6 单元格区域，将单元格合并在一起。

（3）五种鼠标指针形状的含义。在工作表中，鼠标指针有五种不同的形状，每一种形状表示不同的操作状态，如图 4—8 所示。正确了解鼠标指针形状的含义有助于我们对 Excel 的进一步学习。

白十字：单击任意单元格，会发现鼠标指针变为空心十字形""，表示此时处于单元格选定状态。

黑十字：实心黑色十字形""，只有在选定区域外框线的右下角位置才会出现，表示所选数据处于可自动填充状态，此时，按下并拖动鼠标左键到合适位置释放，就实现了数据的自动填充功能。

I 字：在单元格中双击，光标成为"I"形，表示此时为数据编辑状态。

四箭头：在选定区域外框线的任意位置（除了右下角位置）都会出现。此时，按下并拖动鼠标左键到合适位置释放，就实现了移动单元格内容到其他位置的功能。

双箭头：把鼠标指针放在行号之间或列号之间，指针会变为双箭头，此时，按下并拖动鼠标左键用于调整行高或列宽。

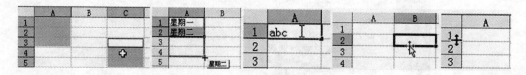

图 4—8　五种鼠标指针形状

步骤三　设置单元格格式

（1）设置字体格式。字体格式设置有多种方法：

选中 B2，在"开始"选项卡下"字体"组中，设置字体为"黑体"、字号为"24"。如图 4—9 所示。

或者，选中 B2，在自动出现的浮动工具栏中设置字体和字号。如图 4—9 所示。

或者，选中 B2，按下"Ctrl＋1"快捷键，弹出"设置单元格格式"对话框，在其中的"字体"选项卡中设置字体为"黑体"、字号为"24"，单击"确定"按钮。如图 4—9 所示。

选中 B2：G22 单元格区域，单击浮动工具栏中的居中按钮""，使文字在各自的单元格内居中显示。

选中 E4：G22 单元格区域，按下"Ctrl＋1"快捷键，弹出"设置单元格格式"对话框，在其中的"数字"选项卡中设置其数字格式为货币型格式。

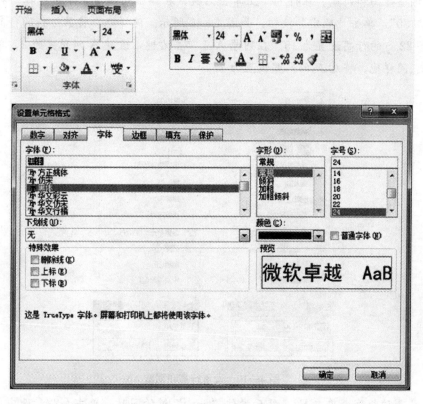

图 4—9　设置字体格式的三种方法

知识详解

选中单元格区域，按下 "Ctrl＋1" 快捷键，可以快速弹出 "设置单元格格式" 对话框，其中含有 6 个选项卡，简要介绍如下：

（1）数字。设置单元格数据类型和格式效果。如：文本型、数值型及小数位数、货币型及货币符号、日期型等。

（2）对齐。设置文本在水平方向、垂直方向的对齐方式，是否合并单元格、自动换行显示，文字方向等。

（3）字体。设置字体、字形、字号、字体颜色、下划线以及特殊效果。

（4）边框。设置线条样式、颜色，该线条应用的位置，以及预览效果。

（5）填充。设置单元格区域的背景颜色、填充图案的颜色与样式，以及预览效果。

（6）保护。该设置只有在工作表被保护后才有效。

（2）调整行高和列宽。在行号 1 上单击右键，在弹出的快捷菜单中选择"行高"命令，输入"30"，单击"确定"按钮，如图 4—10 所示。同样地，将第 2 行的行高设置为 25，第 3～22 行的行高设置为 15。在列号 A 上单击右键，设置 A 列列宽为 2，单击"确定"按钮。同样地，将 G 列的列宽设置为 15。

图 4—10　设置行高和列宽

（3）设置边框线。单击 B2，然后按住"Shift"键的同时，单击 G22，选中 B2：G22 单元格区域。

在"开始"选项卡下的"字体"组中，单击" ▼"命令右侧的黑色三角，在弹出的命令中选择"所有框线"，再次选择"粗匣框线"。如图 4—11 所示。

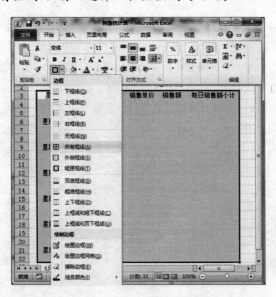

图 4—11　使用选项卡设置边框线

或者，选中 B2：G22 单元格区域后，按下"Ctrl＋1"快捷键，弹出"设置单元格格式"对话框，在其中的"边框"选项卡中设置。首先选择线条栏的"样式"和"颜色"，然后分别单击"预置"栏内的"内部"和"外边框"，以应用所选择的线条样式，最后单击"确定"按钮。此处我们选择细实线作为内部框线，粗实线作为外部框线。如图 4—12 所示。

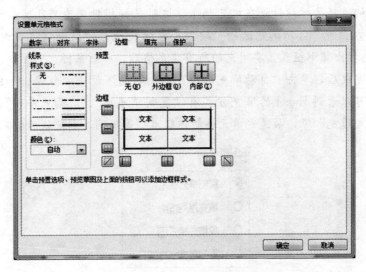

图 4—12　使用对话框设置边框线

为了突出效果，我们将工作表内的网格线取消：单击"视图"选项卡下"显示"组中的"☑️ 网格线"按钮，取消其勾选状态，变成"⬜ 网格线"效果，最终设置后的效果如图 4—13 所示。

图 4—13　制作好的"销售统计表"

最后按下"Ctrl＋S"快捷键保存文件。

（4）数据的自动填充。在 Excel 中可以对数据进行自动填充，以提高工作效率。用户不仅可以填充相同的数据，也可以以序列方式对数据进行填充。

1）使用自动填充柄填充。选定已输入数据的单元格，黑色外框的右下角有一个小方块，称为填充柄。将鼠标指针放在填充柄上，这时鼠标指针变为黑色实心十字形，同时在填充柄右下方出现"自动填充选项"按钮。按住鼠标左键拖动（可以向上、下、左、右拖动），直到拉出矩形框覆盖要填充的所有单元格后，释放鼠标。

以上操作完成后，单击"自动填充选项"右侧的向下箭头，会弹出如图 4—14 所示的下拉菜单。可以看到 Excel 的填充方式有"复制单元格"、"填充序列"、"仅填充格式"、"不带格式填充"等，被选定单元格的内容类型等不同，则默认的填充方式不同。

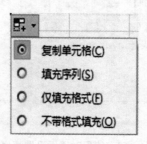

图 4—14　"自动填充选项"下拉菜单

如果选择"填充序列"，则向上、向左为递减填充，向下、向右为递增填充。通过"自动填充选项"可以修改填充方式。也可以在按下"Ctrl"键的同时拖动填充柄进行填充，从而达到改变填充方式填充的效果。

2）使用选项卡命令填充序列数据。选中已输入数据的单元格，例如内容为"1"。单击"开始"选项卡下"编辑"组中的"填充"右侧的黑色三角，在下拉菜单中选择"系列"命令，将弹出如图 4—15 所示的"序列"对话框。在此对话框中可以设置"序列产生在"、"类型"、"步长值"和"终止值"。

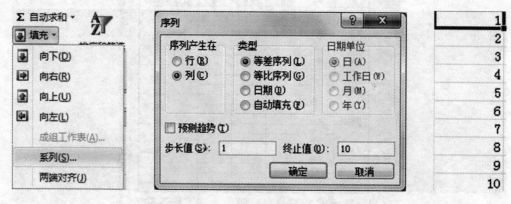

图 4—15　"序列"对话框及填充效果

任务小结

本任务主要介绍了 Excel 的基本操作，学习了文件的创建与保存、数据的录入与填充、单元格的选择方法、单元格格式的设置方法，认识了鼠标指针形状所代表的含义、行高与列宽的设置方法、跨列标题的制作方法等。

需要重点记忆的快捷键有："Ctrl＋1"，表示打开"单元格格式设置"对话框；"Ctrl＋S"，表示保存文件；在选择单元格区域时要经常配合"Ctrl"键和"Shift"键，分别实现选择不连续区域和选择连续区域。

任务2

公式与函数——核算销售统计表

任务描述

时间飞逝，面对几天来记录下的销售数据，王宇航知道，到了该核算销售表的时候了。这可难不住他，经过几分钟的计算，终于核算好了。如图 4—16 所示。

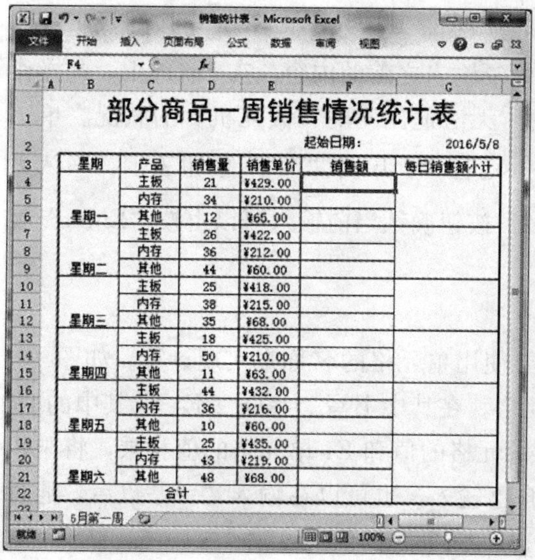

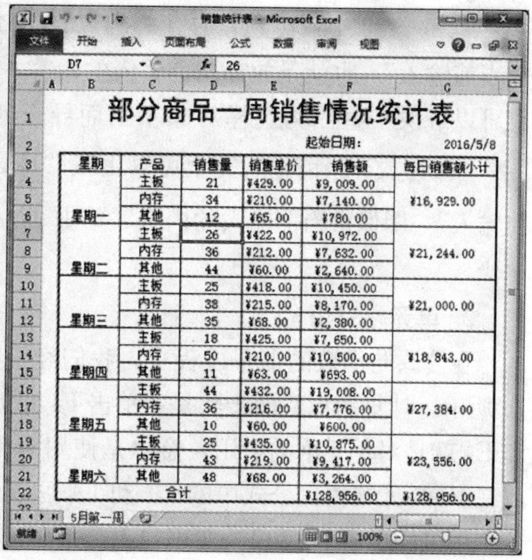

图 4—16　核算前、后的销售统计表

任务准备

- Excel 公式计算
- 单元格引用
- Excel 基本函数
- 几个稍微复杂的函数

任务实施

一、Excel 数据计算的预备知识

1. "一个符号"和"两个按钮"

公式是 Excel 进行数据处理的核心，使用公式不仅可以进行简单的数学运算，如加、减、乘、除等，还可以进行复杂的计算，如进行各种数据的统计。

在 Excel 中，任何公式都要以等号（＝）开始。等号是一个标志，是提示 Excel "接下来请为我计算"的信号，所以等号前面不能有其他符号干扰。这就是我们要首先认识的最重要的"一个符号"。

一旦我们结束输入，就要决定本次输入的内容是"确认"还是"放弃"，这就要认识接下来的"两个按钮"了。这两个按钮位于名称栏和编辑栏中间，是一组编辑按钮"✕✔"，平时不显示，只有在编辑过程中才会出现。其中，单击"✕"按钮表示"取消当前输入"，也就是放弃当前输入的内容，恢复输入之前的内容。在 Excel 中，此操作也可以解决一些因为选择对象不当而导致的"无法退出"的"假死机"的状况。单击"✕"按钮放弃当前输入完全可以由按"Esc"键替代。单击"✔"按钮表示"确认当前输入"，即保留当前输入的内容。单击"✔"按钮确认当前输入可以由按"Enter"键替代。

2. 单元格引用

在公式与函数的书写过程中，我们经常要使用单元格的名称来实现计算。如图 4—16 所示，计算销售额的步骤是：单击 F4 单元格，在其中书写"＝D4 * E4"，其中的 D4 和 E4 就是对单元格的引用，意思是使用 D4 单元格的值和 E4 单元格的值相乘，将乘积放在 F4 单元格内。公式中的 D4 和 E4 可以自己输入，也可以在输入"＝"以后，通过分别用鼠标单击 D4 和 E4 实现输入。最后按"Enter"键确认。

现在我们只计算好了第一个销售额，下面的是否需要一个个计算呢？答案是否定的，因为 Excel 具有强大的公式复制功能。下面我们先认识一下单元格引用。

Excel 中的单元格引用有相对引用、绝对引用和混合引用三种。

（1）相对引用。相对引用就是直接用列号和行号表示单元格。例如，本例中 F4 内的公式"＝D4＊E4"就是相对引用。如果把公式复制到其他位置，那么新粘贴的公式中所引用单元格的位置也会发生相应的变化。如图 4—17 所示，我们把 F4 内的公式"＝D4＊E4"复制粘贴到相邻单元格之后，粘贴处的公式就发生了相应的变化。在与 F4 同一列的 F 列，公式中所有单元格的列号不变，行号根据位置的变化进行相应的增减。同理，在第 4 行，行号不变，列号相对增减；其他位置的公式，行号、列号都有相应的变化。

	E	F	G
1			
2			
3	=C3*D3	=D3*E3	=E3*F3
4	=C4*D4	=D4*E4	=E4*F4
5	=C5*D5	=D5*E5	=E5*F5
6	=C6*D6	=D6*E6	=E6*F6
7	=C7*D7	=D7*E7	=E7*F7

图 4—17　单元格相对引用

（2）绝对引用。绝对引用包含绝对引用单元格的公式，与使用公式的位置无关，无论将其复制到什么位置，总是引用特定的单元格。如果需要绝对引用某一单元格或单元格区域，需要在单元格列号或行号前加一绝对引用符号"＄"。例如 G3 单元格有公式"＝＄D＄3＋＄E＄3＋＄F＄3"，当将公式复制到 G4 单元格时仍为"＝＄D＄3＋＄E＄3＋＄F＄3"。

（3）混合引用。混合引用在单元格引用中只对行号或列号进行绝对引用。例如"＄A1"、"A＄1"。

按 F4 键可以实现单元格引用方式之间的转换。例如对于"A1"，每次按 F4 键时，Excel 会在以下组合间切换：绝对列与绝对行（如＄A＄1）、相对列与绝对行（A＄1）、绝对列与相对行（＄A1）以及相对列与相对行（A1）。当切换到我们所需的引用时，按"Enter"键确认即可。

3. 常用的五个基本函数

函数是由系统或用户预先定义好的具有名称的特殊公式。公式与函数结合使用，功能强大，灵活多变，可以进行各种专业运算，更能体现出强大的数据处理与分析能力。

在 Excel 中，有五个常用的基本函数，它们的功能分别是求和、求平均值、计数、求最大值和求最小值。因为常用，所以被放在一起，以方便我们使用。我们可以在"开始"选项卡下"编辑"组，或者在"公式"选项卡下"函数库"组中找到它们。这五个常用函数被集合在一个命令按钮上，显示为"Σ 自动求和 ▾"或者"Σ ▾"。单击该命令右侧的黑色三角，在弹出的命令中可以看到"求和"、"平均值"、"计数"、"最大值"和"最小值"命令，以及"其他函数"命令，如图 4—18 所示。

五个基本函数的功能：

（1）求和：对指定区域内的数值求和，函数名为 SUM（）。

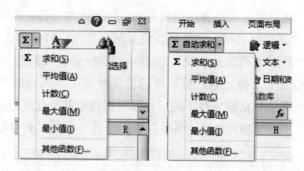

图 4—18　在"开始"和"公式"选项卡中找到的基本函数

（2）平均值：对指定区域内的数值求平均值，函数名为 AVERAGE（）。

（3）计数：对指定区域内的数值统计个数，函数名为 COUNT（）。

（4）最大值：对指定区域内的数值求最大值，函数名为 MAX（）。

（5）最小值：对指定区域内的数值求最小值，函数名为 MIN（）。

注意：以上函数都不对文本型数据进行统计和计算。

4. 单元格区域的表示

在 Excel 中，函数括号里的处理对象叫函数的参数。很多参数是单元格区域，那么，单元格区域都有哪些表示方法呢？

采用集合运算符表示区域：

（1）冒号"："：表示连续的单元格区域。例如，"A1：B5"表示以 A1 为左上角、B5 为右下角的包含 5 行 2 列的 10 个单元格的矩形区域。公式"＝SUM（A1：B5）"计算的就是 A1：B5 这 10 个单元格内数据之和，结果为 10。如图 4—19 所示。

▲	A	B	C
1	1	1	1
2	1	1	1
3	1	1	1
4	1	1	1
5	1	1	1

图 4—19　单元格区域的交集

（2）逗号"，"：表示前后两个单元格区域的并集。例如，"A1，B5"表示 A1 和 B5 两个单元格。公式"＝SUM（A1，B5）"等价于"＝A1＋B5"，是两个单元格内数据之和，结果为 2。

（3）空格" "：表示前后两个单元格区域的交集。例如，"A1：B5 B2：C4"表示两个单元格区域共有的区域"B2：C4"。公式"＝SUM（A1：B5 B2：C4）"，结果为 3。

给区域命名来表示区域：

在 Excel 中，可以为单元格或单元格区域赋予一个名称，并以此名称代替单元格或单元格区域的引用地址。合理使用名称，可以使数据处理和分析变得更加快捷、高效。

定义名称的基本方法为：选定需要命名的区域，在名称栏内输入名称，按"Enter"键确认。

注意：名称中可以包含字母、数字、下划线，不能由数字开头，不能包含除了下划线和句点以外的任何特殊符号。

除使用名称栏以外，还可以通过"公式"选项卡下的"定义的名称"组来定义和管理名称，实现根据所选内容创建名称、编辑名称、删除名称、将名称用于公式等操作，如图 4—20 所示。

图 4—20   名称的管理

5. 单元格内容的修改

对已经输入内容的单元格进行修改是有技巧的。掌握这些技巧可以避免很多问题，达到事半功倍的效果。

若原有内容没有任何价值，需要被全新的内容替换，那么，就单击选中单元格，直接输入新内容，按"Enter"键确认即可。

若需要在原有内容上做局部修改，那么，就双击该单元格，进入编辑状态，然后修改并确认。

特别提示，若需要局部修改的内容是公式，则要慎重。因为双击之后，就意味着要改写公式了，此时若鼠标随意在其他单元格上单击，就会将原有公式改乱了。此时，可以先按"Esc"键放弃输入，恢复原样，再双击一次进行改写。如果没有必要，请尽量减少双击操作，以减少误操作。

二、 核算销售统计表

步骤一   计算销售额

选中 F4 单元格，在其中书写"＝D4 * E4"，按"Enter"键确认。或者先输入"＝"，然后单击"D4"单元格，再输入"*"，再单击"E4"单元格，最后按"Enter"键确认，同样输入了公式"＝D4 * E4"。此时，已经计算好第一个销售额。

下面采用相对引用的思路计算其他销售额，实现的方法很多：

选中 F4 单元格，按"Ctrl＋C"复制，粘贴到 F5：F21 单元格区域。

或者，选中 F4 单元格，将鼠标指针指向其外边框右下角的自动填充柄，指针变成黑色十字形，按下左键向下拖动至 F21，松开鼠标。

或者，选中 F4 单元格，双击其自动填充柄，完成公式的自动填充。

销售额的计算结果如图 4—21 所示。

如果想审核公式的正误，可以单击"公式"选项卡下"公式审核"组的" 显示公式 "命令按钮。此时，所有使用公式的单元格内将以公式形式显示，方便我

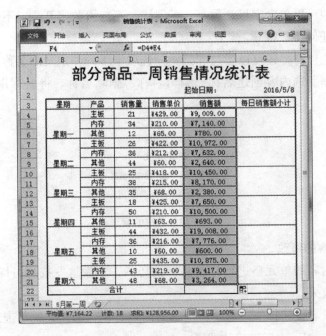

图 4—21 计算销售额

们检查各种单元格引用等引起的错误。再次单击该命令按钮，就可以取消显示公式的状态，恢复显示计算结果的状态。如图 4—22 所示。

星期	产品	销售量	销售单价	销售额
	主板	21	429	=D4*E4
	内存	34	210	=D5*E5
星期一	其他	12	65	=D6*E6
	主板	26	422	=D7*E7
	内存	36	212	=D8*E8
星期二	其他	44	60	=D9*E9
	主板	25	418	=D10*E10
	内存	38	215	=D11*E11
星期三	其他	35	68	=D12*E12
	主板	18	425	=D13*E13
	内存	50	210	=D14*E14
星期四	其他	11	63	=D15*E15
	主板	44	432	=D16*E16
	内存	36	216	=D17*E17
星期五	其他	10	60	=D18*E18
	主板	25	435	=D19*E19
	内存	43	219	=D20*E20
星期六	其他	48	68	=D21*E21
	合计			

部分商品一周销售情况统计表
起始日期：

图 4—22 通过"公式审核"的"显示公式"模式排查错误

步骤二 计算每日销售额小计

每日销售额小计是用来计算当天所售三种商品的销售额之和。方法有两种。

公式法：选中 G4 单元格，在其中书写"＝F4＋F5＋F6"，按"Enter"键确认。

函数法：选中 G4 单元格，单击"公式"选项卡下"函数库"组的"Σ 自动求和 ▾"

命令右侧的黑色三角，选择"求和"命令。此时，G4 单元格按照系统预估的默认情况显示公式"＝SUM（D4：F4）"，即求单元格区域 D4：F4 的数据之和。显然求和区域与要求不符。所以，我们使用鼠标左键重新选择单元格区域 F4：F6，最后按"Enter"键确认。

如果是在确认之后发现公式有错误，就双击 G4 单元格，进入编辑状态，然后选中原有公式"＝SUM（D4：F4）"中的"D4：F4"部分，然后再选择正确的单元格区域 F4：F6，最后按"Enter"键确认，如图 4—23 所示。注意，使用函数计算时，并没有输入"＝"号，"＝"号是自动生成的。

图 4—23　默认的"求和"区域和调整后的"求和"区域

计算好了第一个"每日销售额小计"后，选中 G4 单元格，将鼠标指针指向其外边框右下角的自动填充柄，指针变成黑色十字形，按下左键向下拖动至 G21，完成公式的自动填充，如图 4—24 所示。

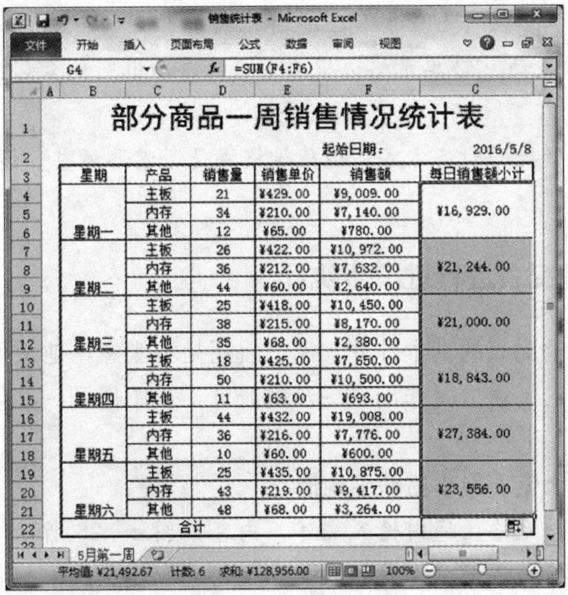

图 4—24　使用自动填充完成计算

步骤三　计算合计

选中F22单元格，单击“公式”选项卡下“函数库”组的“Σ 自动求和 ▾”命令右侧的黑色三角，选择“求和”命令。此时，F22单元格内自动显示公式“＝SUM（F4：F21)”，即求单元格区域F4：F21的数据之和，正好符合计算要求，直接按“Enter”键确认。如图4—25所示。

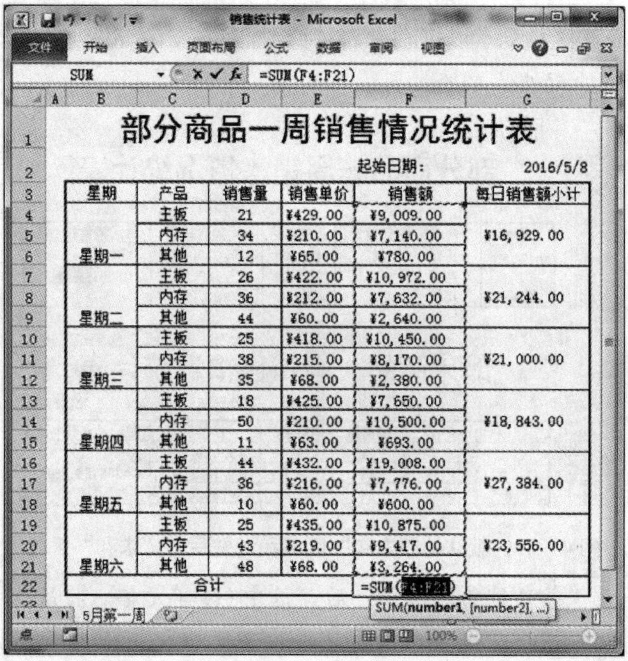

部分商品一周销售情况统计表

起始日期：　2016/5/8

星期	产品	销售量	销售单价	销售额	每日销售额小计
星期一	主板	21	¥429.00	¥9,009.00	¥16,929.00
	内存	34	¥210.00	¥7,140.00	
	其他	12	¥65.00	¥780.00	
星期二	主板	26	¥422.00	¥10,972.00	¥21,244.00
	内存	36	¥212.00	¥7,632.00	
	其他	44	¥60.00	¥2,640.00	
星期三	主板	25	¥418.00	¥10,450.00	¥21,000.00
	内存	38	¥215.00	¥8,170.00	
	其他	35	¥68.00	¥2,380.00	
星期四	主板	18	¥425.00	¥7,650.00	¥18,843.00
	内存	50	¥210.00	¥10,500.00	
	其他	11	¥63.00	¥693.00	
星期五	主板	44	¥432.00	¥19,008.00	¥27,384.00
	内存	36	¥216.00	¥7,776.00	
	其他	10	¥60.00	¥600.00	
星期六	主板	25	¥435.00	¥10,875.00	¥23,556.00
	内存	43	¥219.00	¥9,417.00	
	其他	48	¥68.00	¥3,264.00	
合计				=SUM(F4:F21)	

图4—25　使用“求和”函数计算合计

G22单元格的计算方法与F22相同。也可以将计算好的F22单元格的公式复制粘贴至G22单元格，或者拖动F22单元格边框右下角的自动填充柄至G22单元格实现公式的复制。

最后，观察一下数据的对齐方式、边框等格式是否需要调整。调整好后，按“Ctrl＋S”快捷键保存文件。

三、　对销售情况表进行进一步统计

结束了一周销售情况表的基本计算，王宇航还是不满意，他又设计出了新的汇总项目，希望能够对本周的销售情况作出进一步的统计，从中得到一些信息，对门店的经营起到指导作用。

步骤一　统计最大值、最小值和平均值

首先在I4：L19单元格区域内输入文字，内容如图4—26所示。然后逐一选中，按“Ctrl＋1”，为每个单元格区域添加边框线。单击列号H，在列号H上单击右键，在弹出的快捷菜单中选择“列宽”命令，设置其列宽为2，调整I、J、K、L列的列宽到合适的大小。

图4—26　新的统计项目

　　选中 I5 单元格，准备计算"最大日销售额"。单击"公式"选项卡下"函数库"组的"**Σ 自动求和 ▾**"命令右侧的黑色三角，选择"最大值"命令。选择 6 个"每日销售额小计"的结果，作为调整后的函数参数，使公式为"＝MAX（G4：G21）"，符合题意计算要求，直接按"Enter"键确认。

　　同样，计算"最小日销售额"：选中 I8 单元格，使用"**Σ 自动求和 ▾**"命令中的"最小值"命令，选择 6 个"每日销售额小计"的结果，作为函数参数，使公式为"＝MIN（G4：G21）"，按"Enter"键确认。

　　计算"平均日销售额"：选中 I14 单元格，使用同一位置的"平均值"命令，通过函数参数调整，使公式为"＝AVERAGE（G4：G21）"，按"Enter"键确认。

　　步骤二　添加备注、统计超过 2 万元的天数

　　以上所有统计所使用的函数均来自同一位置："公式"选项卡下"函数库"组的"**Σ 自动求和 ▾**"命令组，都是我们日常工作中最常用的最基本的函数。但是，如果遇到稍微复杂一些的情况，这些函数就显得有些不够用了。

　　例如，我们想统计出一周内日销售额超过 2 万元的天数，就会想到使用五个基本函数中的计数函数 COUNT（）。但是，计数函数 COUNT（）只能完成无条件计数的功能，一旦需要添加计数的条件，就无法完成了。再例如，我们想对每天的销售额添加一个备注，判断销售额是否达到 2 万元的目标。这些都不是那几个基本函数可以胜任的了。

　　下面我们来学习两个稍微复杂一些的函数，来实现添加备注、统计超过 2 万元的天数的效果。

　　首先，需要添加"备注"列。因为原本没有给备注预留位置，所以需要先在"每日销售额小计"右侧添加一列"备注"。单击列号 H，在列号 H 上单击右键，在弹出的快捷菜单中选择"插入"命令，如图 4—27 所示。

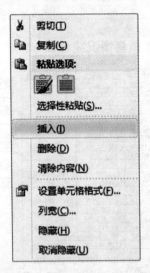

图 4—27 "插入"一列作为"备注"

在 H3 单元格内输入"备注"，选中 H4：H6 单元格区域，单击"开始"选项卡下"打开方式"组的"合并后居中"命令按钮" "合并单元格，然后，将鼠标指针指向该合并区域右下角的自动填充柄，按下鼠标左键向下拖动至 H21，合并出下面的单元格区域。选中 B3：H22 单元格区域，按"Ctrl＋1"，在"单元格格式设置"对话框的"边框"选项卡中重新设置边框线。在列号 H 上单击右键，在弹出的快捷菜单中选择"列宽"命令，设置其列宽为 8。效果如图 4—28 所示。

部分商品一周销售情况统计表

起始日期： 2016/5/8

星期	产品	销售量	销售单价	销售额	每日销售额小计	备注
星期一	主板	21	¥429.00	¥9,009.00	¥16,929.00	
	内存	34	¥210.00	¥7,140.00		
	其他	12	¥65.00	¥780.00		
星期二	主板	26	¥422.00	¥10,972.00	¥21,244.00	
	内存	36	¥212.00	¥7,632.00		
	其他	44	¥60.00	¥2,640.00		
星期三	主板	25	¥418.00	¥10,450.00	¥21,000.00	
	内存	38	¥215.00	¥8,170.00		
	其他	35	¥68.00	¥2,380.00		
星期四	主板	18	¥425.00	¥7,650.00	¥18,843.00	
	内存	50	¥210.00	¥10,500.00		
	其他	11	¥63.00	¥693.00		
星期五	主板	44	¥432.00	¥19,008.00	¥27,384.00	
	内存	36	¥216.00	¥7,776.00		
	其他	10	¥60.00	¥600.00		
星期六	主板	25	¥435.00	¥10,875.00	¥23,556.00	
	内存	43	¥219.00	¥9,417.00		
	其他	48	¥68.00	¥3,264.00		
合计				¥128,956.00	¥128,956.00	

图 4—28 设置过格式的"备注"列

接着，使用函数来填写"备注"列。当满足日销售额小计在 2 万元以上（含 2 万元）时，"备注"栏填写"达标"，不到 2 万元时不填写内容。

这是一个根据条件的判断来下结论的问题，是在 Excel 中很常见的问题，需要使用条件判断函数 IF（）来实现。

条件判断函数 IF（）的格式为：=IF（条件，结论 1，结论 2）。

函数功能：首先判断括号内的第一个参数"条件"是否成立，若条件成立，则取"结论 1"作为结果，若条件不成立，则取"结论 2"作为结果。一般来说，"条件"内含有">"（大于）、"<"（小于）、"="（等于）、">="（大于或等于）、"<="（小于或等于）、"! ="（不等于）等比较运算符。"结论 1"、"结论 2"通常为相同类型的数据。例如，E4 为学生成绩，公式"=IF（E4<60，"不及格"，"及格"）"则用于判断该成绩是否及格。

选中 H4 单元格，输入公式"=IF（G4>=20000，"达标"，""）"，按"Enter"键确认。然后将 H4 的公式向下自动填充，得到后 5 天的"备注"内容，如图 4—29 所示。

值得注意的是：IF 函数的参数"结论 1"、"结论 2"通常为相同类型的数据，所以，虽然本例要求不到 2 万元时不填写内容，但是为保证函数结果的正确性，最后一个参数代表文本类型的一对双引号不能省略。

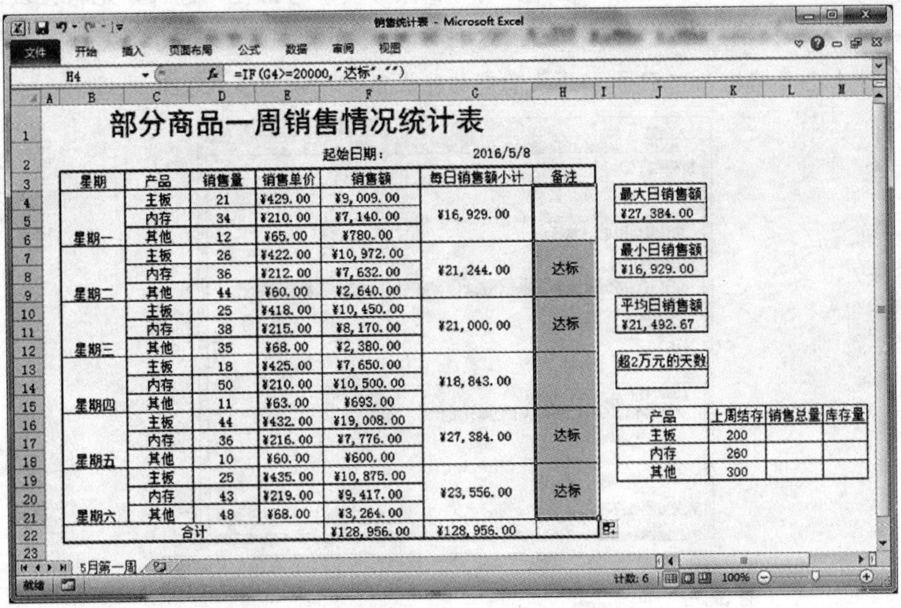

图 4—29 使用 IF 函数填写"备注"列

最后，我们来统计一周内日销售额超过 2 万元的天数。要实现有条件的计数，就需要用到条件计数函数 COUNTIF（）。

条件计数函数 COUNTIF（）的格式为：=COUNTIF（被判断的单元格区域，条件）。

函数功能：将函数第一个参数"被判断的单元格区域"内的数据逐一与"条件"进行对比，每成立一次，统计结果加 1，直到将区域内的数据比较一遍为止。例如，公式"=COUNTIF（A1：B5，">4"）"就是在"A1：B5"单元格区域内统计大于 4 的数值个数，其第二个参数"条件"部分一般写在一对英文双引号内。如图 4—30 所示。

	B6	▼	fx	=COUNTIF(A1:B5,">4")	
	A	B	C	D	E
1	1	6			
2	2	7			
3	3	5			
4	4	2			
5	5	1			
6	大于4的个数	4			

图 4—30　条件计数举例

因此，要统计日销售额"超过 2 万元的天数"，就要知道判断哪些数据，条件如何表达。显然，我们需要判断"每日销售额小计"，条件是"＞20000"。因此，选中 J14 单元格，输入公式"=COUNTIF（G4：G21，"＞20000"）"，按"Enter"键确认。

补充一点，函数的插入除了手工输入以外，还可以使用编辑栏左侧的"插入函数"命令按钮" fx "来实现。实现方法：选中 J14 单元格，单击编辑栏左侧的"插入函数"命令按钮" fx "，在弹出的"插入函数"对话框中搜索函数 COUNTIF，然后依次单击"转到"和"确定"按钮。接着，在弹出的"函数参数"对话框中进行单元格区域的选择和条件的输入，如图 4—31 所示。运用这种方法，不需要输入函数参数的间隔符逗号"，"，条件上也无需输入双引号，并且带有功能提示，所以很多人喜欢使用。

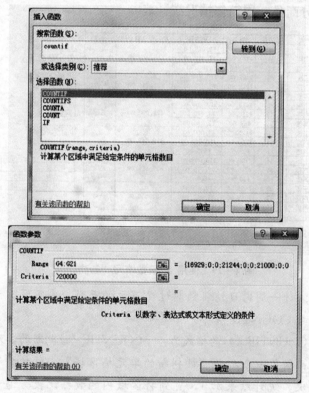

图 4—31　使用"插入函数"生成函数

步骤三　统计产品销售量与库存量

为了给公司及时配送提供科学、合理的依据，下面统计一下本周的销售总量和库存量。

我们知道，每种产品的日销售量之和就是该产品的销售总量。那么，是不是使用基本函数求和函数 SUM（）就能够实现统计呢？答案是否定的，因为 SUM（）函数只能实现无条件的求和，无法实现带有判断的求和。如果同一产品的日销售量在相邻的数据区域，这种方法未尝不可。但是，本例显然不符合要求。

因此，我们下面来学习一个较为复杂的条件求和函数 SUMIF（）。

条件求和函数 SUMIF（）的格式为：＝SUMIF（被判断的单元格区域，条件，需要求和的单元格区域）。

函数功能：将函数第一个参数"被判断的单元格区域"内的数据逐一与"条件"进行对比，每成立一次，将所在行"需要求和的单元格"的值累加起来，直到将区域内数据比较一遍为止。例如，"职工工资表"的统计，如图 4—32 所示。"临时工基本工资之和"的公式为"＝SUMIF（C2：C13，"临时工"，D2：D13）"，其实计算的是三个临时工的基本工资之和（800＋920＋800），统计结果为 2 520；"高工的奖金之和"的公式为"＝SUMIF（C2：C13，"高工"，E2：E13）"，统计结果为 14 320。函数第一个参数"被判断的单元格区域"都是"职称"所在的区域，求和区域根据题目要求分别为相应的"基本工资"和"奖金"区域。

	A	B	C	D	E	F
1			职工工资表			
2	职工号	姓名	职称	基本工资	奖金	补贴
3	020101	牛彤	工程师	2315	2510	500
4	020102	车银行	工程师	2285	2460	500
5	020103	侯贯军	高工	2490	3600	800
6	050101	赵航	临时工	800	1000	300
7	020201	王陆洋	高工	2580	3640	800
8	020202	罗文豪	工程师	2390	2480	500
9	020203	郑明辉	高工	2500	3520	800
10	020301	秦文轩	工程师	2300	2460	500
11	050102	王蒙蒙	临时工	920	1000	300
12	020302	裴可心	高工	2450	3560	800
13	050103	李坦	临时工	800	1000	300
14						
15	临时工基本工资之和	=SUMIF(C2:C13,"临时工",D2:D13)				
16	高工的奖金之和	=SUMIF(C2:C13,"高工",E2:E13)				

图 4—32　条件求和函数举例

为了使函数的含义更容易理解，降低函数书写和复制公式的出错率，我们对函数需要用到的区域进行起名。

我们判断出：函数参数中需要使用到的单元格区域有两个，"C4：C21"，"D4：D21"分别做第一个参数和第三个参数，即"被判断的单元格区域"和"需要求和的单元格区域"。因此，选中 C3：D21 单元格区域（注意要包含列标题），单击"公式"选项卡下"定义的名称"组中的"根据所选内容创建"命令，在弹出的对话框中选择"首行"，单击"确定"按钮。结果，选定区域的列标题被定义为名称，其中"产品"为区域

"C4：C21"的名称，"销售量"为区域"D4：D21"的名称。可以通过名称栏右侧的黑色三角进行查看。定义名称的过程与效果如图4—33所示。

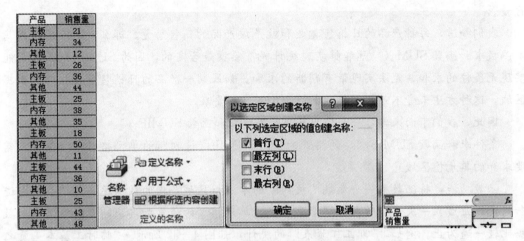

图4—33 为函数参数区域定义名称

一切准备就绪后，下面来统计本周各种产品的销售总量和库存量。

计算"主板"的"销售总量"。选中L17，输入公式"＝SUMIF（产品，J17，销售量）"，得到第一个计算结果，即159，如图4—34所示。将此结果复制粘贴至L18、L19单元格；或者单击L17单元格，按住其右下角的自动填充柄将公式向下填充至L19单元格；又或者，单击L17单元格，双击其右下角的自动填充柄，实现公式的自动向下填充。这样，所有产品的销售总量就都统计好了。

产品	上周结存	销售总量	库存量
主板	=SUMIF(产品,J17,销售量)		
内存	SUMIF(range, criteria, [sum		
其他	300		

产品	上周结存	销售总量	库存量
主板	200	159	
内存	260		
其他	300		

图4—34 用名称作为函数参数

我们发现，定义过名称的区域，在公式复制和填充的过程中，该区域不会进行相对引用的变化，属于绝对引用。依据这一特点，以后对于在函数中需要多次使用且需要绝对引用的区域，最好事先进行区域命名。这样既方便省事，又不易出错。

接着，计算各产品的"库存量"。选中M17，输入公式"＝K17－L17"，得到第一个计算结果，即41。将此结果复制粘贴至M18、M19单元格，这样，所有产品的库存量就都统计好了，如图4—35所示。从核算出的库存量结果来看，所有产品都需要补货了，王宇航毫不犹豫，立即向公司总部提交了补货申请。

产品	上周结存	销售总量	库存量
主板	200	159	41
内存	260	237	
其他	300	160	

产品	上周结存	销售总量	库存量
主板	200	159	41
内存	260	237	23
其他	300	160	140

图4—35 计算库存量并向下自动填充

最终的统计效果如图 4—36 所示。

部分商品一周销售情况统计表

星期	产品	销售量	销售单价	销售额	每日销售额小计
	主板	21	¥429.00	¥9,009.00	
	内存	34	¥210.00	¥7,140.00	¥16,929.00
星期一	其他	12	¥65.00	¥780.00	
	主板	26	¥422.00	¥10,972.00	
	内存	36	¥212.00	¥7,632.00	¥21,244.00
星期二	其他	44	¥60.00	¥2,640.00	
	主板	25	¥418.00	¥10,450.00	
	内存	38	¥215.00	¥8,170.00	¥21,000.00
星期三	其他	35	¥68.00	¥2,380.00	
	主板	18	¥425.00	¥7,650.00	
	内存	50	¥210.00	¥10,500.00	¥18,843.00
星期四	其他	11	¥63.00	¥693.00	
	主板	44	¥432.00	¥19,008.00	
	内存	36	¥216.00	¥7,776.00	¥27,384.00
星期五	其他	10	¥60.00	¥600.00	
	主板	25	¥435.00	¥10,875.00	
	内存	43	¥219.00	¥9,417.00	¥23,556.00
星期六	其他	48	¥68.00	¥3,264.00	
合计				¥128,956.00	¥128,956.00

起始日期：　2016/5/8

最大日销售额　¥27,384.00

最小日销售额　¥16,929.00

平均日销售额　¥21,492.67

超2万元的天数　4

产品	上周结存	销售总量	库存量
主板	200	159	41
内存	260	237	23
其他	300	160	140

图 4—36　最终的统计效果

最后，按"Ctrl+S"快捷键保存文件。

任务小结

本任务主要介绍了 Excel 的计算方法，学习了 Excel 公式的写法和常用基本函数的使用方法，介绍了单元格引用、单元格区域的表示、单元格内容的修改技巧，以及公式的复制和自动填充，推出了三个较为复杂的函数，即 IF（）、COUNTIF（）、SUMIF（）。

需要重点理解和掌握的是：单元格的三种引用方式和单元格命名、公式与函数的基本使用方法、公式的复制和自动填充技巧。

任务3

数据处理与图表制作——核算酬金发放表

任务描述

今天是周日，接到申请的公司总部来向门店补货，随车而来的赵航请好友王宇航帮个小忙，核算一下酬金发放表。王宇航拿到原始数据表后，结合赵航的核算要求，立即投入"战斗"。半个小时后，当补充的货品验收结束，王宇航也正好完成了好友所托。原始数据表和完成核算的两个效果表分别如图4—37、图4—38、图4—39所示。

序号	姓名	部门	性别	办公室	工作时数	小时报酬	加班费	工作报酬	实发金额
1	车银行	软件部	男	2350	130	52	1280		
2	王思玉	销售部	女	4337	70	45	1632		
3	郑明辉	销售部	男	2351	95	45	1967		
4	王陆洋	培训部	男	2350	110	60	2356		
5	罗文豪	软件部	男	2350	118	57	1289		
6	赵航	软件部	男	2346	100	61	1635		
7	秦文轩	软件部	男	2348	110	70	1730		
8	王蒙蒙	软件部	女	4335	116	50	1320		
9	裴可心	培训部	女	4335	90	48	1360		
10	牛彤	销售部	男	2344	96	65	2100		
11	宋双艳	软件部	女	4335	103	48	1890		
12	王改	培训部	女	4335	105	48	1765		
13	侯贯军	销售部	男	2344	100	64	1850		
14	岳姗姗	软件部	女	4337	105	63	1690		
15	邝周利	软件部	女	4337	98	46	1980		
16	周秋雨	培训部	女	4337	72	48	1345		

图4—37　原始数据表

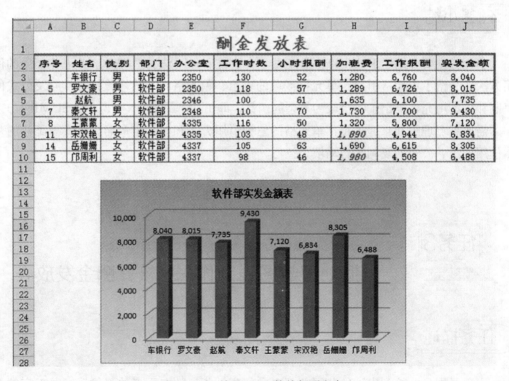

图4—38　效果1——软件部酬金表

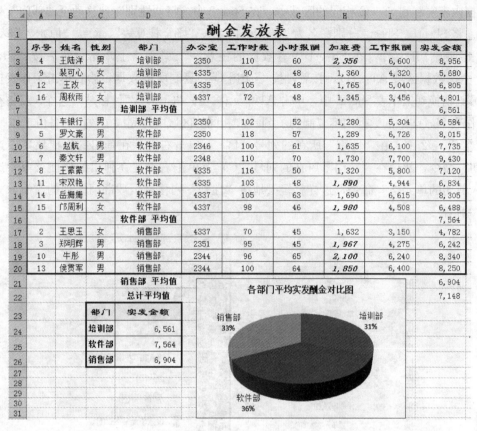

序号	姓名	性别	部门	办公室	工作时数	小时报酬	加班费	工作报酬	实发金额
			酬金发放表						
4	王陆洋	男	培训部	2350	110	60	2,356	6,600	8,956
9	裴可心	女	培训部	4335	90	48	1,360	4,320	5,680
12	王改	女	培训部	4335	105	48	1,765	5,040	6,805
16	周秋雨	女	培训部	4337	72	48	1,345	3,456	4,801
			培训部 平均值						6,561
1	车银行	男	软件部	2350	102	52	1,280	5,304	6,584
5	罗文豪	男	软件部	2350	118	57	1,289	6,726	8,015
6	赵航	男	软件部	2346	100	61	1,635	6,100	7,735
7	秦文轩	男	软件部	2348	110	70	1,730	7,700	9,430
8	王蒙蒙	女	软件部	4335	116	50	1,320	5,800	7,120
11	宋双艳	女	软件部	4335	103	48	1,890	4,944	6,834
14	岳姗姗	女	软件部	4337	105	63	1,690	6,615	8,305
15	邝周利	女	软件部	4337	98	46	1,980	4,508	6,488
			软件部 平均值						7,564
2	王思玉	女	销售部	4337	70	45	1,632	3,150	4,782
3	郑明辉	男	销售部	2351	95	45	1,967	4,275	6,242
10	牛彤	男	销售部	2344	96	65	2,100	6,240	8,340
13	侯贯军	男	销售部	2344	100	64	1,850	6,400	8,250
			销售部 平均值						6,904
			总计平均值						7,148

部门	实发金额
培训部	6,561
软件部	7,564
销售部	6,904

图 4—39　效果 2——酬金核算表

任务准备

- Excel 基本操作
- 单元格格式设置
- 数据处理
- 图表制作
- 页面布局

任务实施

一、 Excel 基本操作

1. 原始数据的编辑整理

赵航指出，首先需要进行原始数据的编辑整理与备份：需要将存放在工作表 Sheet1 中的数据内容复制到 Sheet2 相同的区域中。在 Sheet2 中,将"性别"列移动至"部门"列的左侧。将 Sheet1、Sheet2 分别命名为"原始数据表"、"酬金核算表",隐藏"原始数据表"。

王宇航打开文件,在 Sheet1 中有数据的任意一个单元格上单击,然后按"Ctrl+A",全选数据区域 A1:J17,接着,按"Ctrl+C",复制所选数据,然后单击工作表标签 Sheet2,切换到工作表 Sheet2 中,单击 A1 单元格,按"Ctrl+V",粘贴。这样,就将存放在工作表 Sheet1 中的数据内容复制到了 Sheet2 相同的区域中,完成了数据的备份工作。

在 Sheet2 中,在"性别"所在的列号"D"上单击右键,在弹出的快捷菜单中选择"剪切"命令,然后在"部门"所在的列号"C"上单击右键,在弹出的快捷菜单中选择"插入剪切的单元格"命令,这样就轻松地将"性别"列移动至"部门"列的左侧,如图4—40 所示。

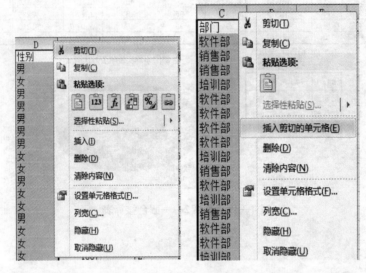

图 4—40 将"性别"列移动至"部门"列的左侧

双击工作表标签 Sheet1,输入文字"原始数据表",按"Enter"键确认,Sheet1 就改名为"原始数据表"了。使用同样的方法,将 Sheet2 改名为"酬金核算表"。在工作表标签"原始数据表"上单击右键,在弹出的快捷菜单中选择"隐藏"命令,如图4—41 所示。操作之后,"原始数据表"就隐藏起来了。如果想让"原始数据表"恢复显示,则在任意现有的工作表标签上单击右键,在弹出的快捷菜单中选择"取消隐藏"命令,并在"取消隐藏"对话框中选择"原始数据表",按"确定"按钮,即可恢复已经隐藏的工作表"原始数据表"。

2. 核算"工作报酬"和"实发金额"

接下来,在"酬金核算表"中,需要使用公式核算"工作报酬"和"实发金额"。赵航提供了核算方法:工作报酬=工作时数*小时报酬,实发金额=工作报酬+加班费。

王宇航单击选中"酬金核算表"的 I2 单元格,输入公式"=F2*G2",按"Enter"键确认。选中 J2 单元格,输入公式"=H2+I2",按"Enter"键确认。这样就核算好了第一个员工的"工作报酬"和"实发金额"。

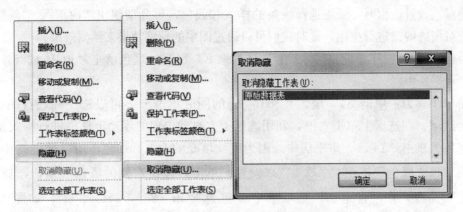

图 4—41 "隐藏"与"取消隐藏"工作表

选中"I2：J2"单元格区域，双击选区右下角的自动填充柄，将两个核算公式自动向下复制，即核算出了所有员工的"工作报酬"和"实发金额"。当然，复制"I2：J2"单元格区域并粘贴到"I3：J17"单元格区域，或者拖动自动填充柄到 J17 也可以实现相同效果。

3. 调整数据的格式设置

数据核算轻松完成了，赵航又提出了对数据进行调整格式设置的要求：添加数据区域的内外边框、底纹，所有数据在单元格中居中显示；添加一个标题行，并设置为跨列居中；设置数据的数字格式和对齐方式。

王宇航在"酬金发放表"中有数据的任意一个单元格上单击，然后按"Ctrl＋A"快捷键，全选数据区域 A1：J17，单击"开始"选项卡下"打开方式"组中的"居中"按钮"≡"，使所有数据在单元格中居中显示。然后，按"Ctrl＋1"快捷键，打开"设置单元格格式"对话框，在"边框"选项卡中设置边框效果：内、外框均为标准红色的单实线，外框较粗，内框较细。如图 4—42 所示。

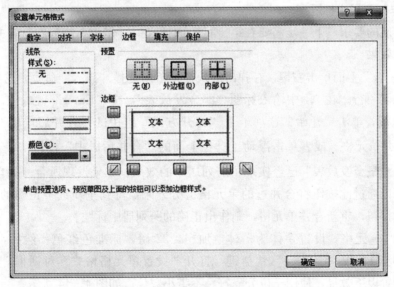

图 4—42 使用"设置单元格格式"对话框设置边框

注意：设置边框时，要先选择线条的样式和颜色，再分别使用"内部"、"外边框"等按钮对所选线条进行应用，此时我们可以通过图中的预览效果来预测效果。

为标题行 A1：J1 单元格区域设置字体为隶书，14 磅，底色填充为 RGB（255，255，200），水平居中。

操作步骤为：单击 A1，按住"Shift"键的同时单击 J1，可以选中标题行 A1：J1 单元格区域。在选区上单击右键，利用选区上方自动出现的浮动工具栏进行格式设置，设置字体为隶书，14 磅，水平居中。因为底纹填充的不是标准色，所以要进一步通过其中的"填充颜色"按钮" 🗳 ▾ "来设置。单击该按钮右侧的黑色三角，选择"其他颜色"命令，在"自定义"选项卡中设置为 RGB（255，255，200），如图 4—43 所示。

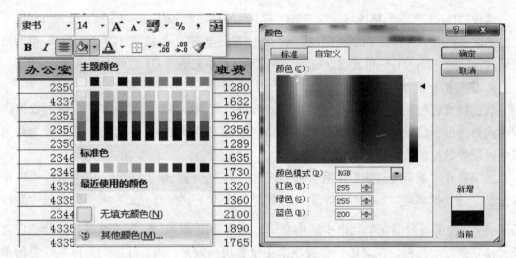

图 4—43　设置标题行底色

4. 制作跨列居中标题

按照赵航的要求，下一步需要在第 1 行上面插入一行作为总的标题行，并且要设置出跨列居中效果。

在行号"1"上面单击右键，在弹出的快捷菜单中选择"插入"命令，这样就在第 1 行上面插入了一行。在 A1 中输入标题"酬金发放表"，按"Enter"键确认。选中 A1：J1 单元格区域，单击"开始"选项卡下"打开方式"组中的"合并后居中"命令按钮" 🔲 ▾ "合并单元格。或者单击浮动工具栏上面的"合并后居中"按钮" 🔲 ▾ "实现。此时，标题"酬金发放表"已经实现了跨列居中的效果。如果发现所合并的单元格区域不对，还可以通过此按钮将合并过的单元格拆分开来，待到重新选中正确的区域之后，再次单击此按钮，重新合并单元格，制作出正确的跨列居中标题。

选中 A1 单元格，设置字体为楷体，加粗，22 磅，标准色红色。然后，选中 H3：J18 单元格区域，按"Ctrl＋1"快捷键，打开"设置单元格格式"对话框，在"数字"选项卡中设置以下效果：使用千位分隔符，不带小数位。如图 4—44 所示。

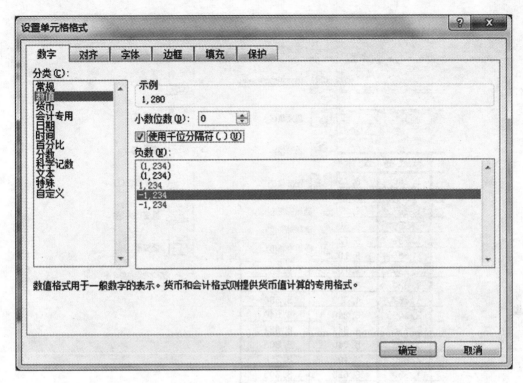

图4—44 设置"数字"显示格式

5. 调整行高和列宽

为了数据显示的完整性和美观度，需要调整行高和列宽。

在行号"1"上面单击右键，在弹出的快捷菜单中选择"行高"命令，设置总的标题行行高为"30"。同样的方法，设置第 2 行每列的标题行行高为"20"；第 3 行到第 18 行，数据行行高为 15。

由于字体的增大，列标题文字变宽了，而列宽却没有增加，导致有些列标题文字内容无法全部显示，效果不美观。所以，要调整列宽。使用鼠标指针在列号"A"到"J"上面拖动，选中 A 到 J 列，双击列号"I"与"J"之间的中缝（所选列号之间任意一个中缝都可以），可以将 A 到 J 列的每一列列宽自动调整到最佳宽度。

6. 设置条件格式

假如领导对某些情况很关注，例如，需要将 1 800 元以上的加班费用标准色红色加粗斜体显示。这时，就要用到"条件格式"功能了。

选中 H3：H18 单元格区域，单击"开始"选项卡下"样式"组中的"条件格式"命令按钮" 条件格式 "右侧的黑色三角，选择"突出显示单元格规则"命令下面的"其他规则"命令，如图 4—45 所示。在弹出的"新建格式规则"对话框中设置条件："单元格值"、"大于或等于"、"1800"，再单击"格式"按钮，设置符合此条件的单元格所采用的显示格式。如图 4—46、图 4—47 所示。

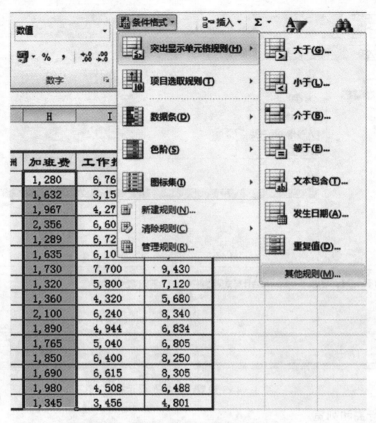

图4—45 调出设置"条件格式"的对话框

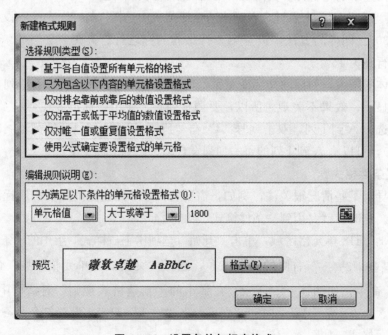

图4—46 设置条件与相应格式

序号	姓名	性别	部门	办公室	工作时数	小时报酬	加班费	工作报酬	实发金额
					酬金发放表				
1	车银行	男	软件部	2350	130	52	1,280	6,760	8,040
2	王思玉	女	销售部	4337	70	45	1,632	3,150	4,782
3	郑明辉	男	销售部	2351	95	45	1,967	4,275	6,242
4	王陆洋	男	培训部	2350	110	60	2,356	6,600	8,956
5	罗文豪	男	软件部	2350	118	57	1,289	6,726	8,015
6	赵航	男	软件部	2346	100	61	1,635	6,100	7,735
7	秦文轩	男	软件部	2348	110	70	1,730	7,700	9,430
8	王蒙蒙	女	软件部	4335	116	50	1,320	5,800	7,120
9	裴可心	女	培训部	4335	90	48	1,360	4,320	5,680
10	牛彤	男	销售部	2344	96	65	2,100	6,240	8,340
11	宋双艳	女	软件部	4335	103	48	1,890	4,944	6,834
12	王改	女	培训部	4335	105	48	1,765	5,040	6,805
13	侯贯军	男	销售部	2344	100	64	1,850	6,400	8,250
14	岳姗姗	女	软件部	4337	105	63	1,690	6,615	8,305
15	邝周利	女	软件部	4337	98	46	1,980	4,508	6,488
16	周秋雨	女	培训部	4337	72	48	1,345	3,456	4,801

图4—47 条件格式设置效果

除了以上简单的条件格式设置以外，还可以有很多更加复杂和高级的条件格式设置。可以通过"项目选取规则"来设置，还可以通过"管理规则"命令对该单元格区域上已经设置的规则进行编辑修改、删除，以及新建规则。如图4—48所示。

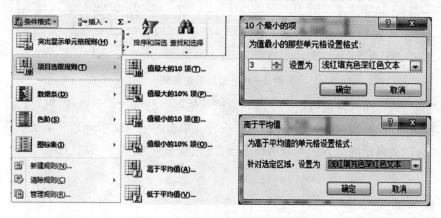

图4—48 条件格式的其他设置效果

二、 Excel 数据处理

为了方便我们从工作表中获取数据，更加直观、有效地展示数据，反映数据的变化规律，可以运用排序、筛选和分类汇总等多种方法对数据进行管理。

排序有助于快速直观、有序地显示数据。

筛选可以从庞杂的数据中挑选出符合条件的数据，并隐藏不符合条件的数据。

分类汇总是数据处理的一个重要工具，它可以在数据清单中轻松、快速地汇总数据，灵活应用 Excel 分类汇总功能，可以大大提高工作效率。

本任务的操作要求是：找到"酬金核算表"中所有"软件部"的数据，放在 Sheet3 中，将 Sheet3 命名为"软件部酬金表"，然后将"酬金核算表"数据恢复原样。在"酬金核算表"中，按部门进行排序，核算各部门实发金额平均值。

1. 筛选数据

可以将任务分解为两部分，先来解决数据的筛选问题，然后再进行分类汇总。

选中要筛选的数据区域内的任意一个单元格，然后单击"数据"选项卡下"排序和筛选"组中的"筛选"命令"🔽"。此时在每个列标题的后面将自动添加下拉按钮用于设置筛选条件，如图4—49所示。

序号	姓名	性别	部门	办公室	工作时数	小时报酬	加班费	工作报酬	实发金额
						酬金发放表			
1	车银行	男	软件部	2350	130	52	1,280	6,760	8,040
2	王思玉	女	销售部	4337	70	45	1,632	3,150	4,782
3	郑明辉	男	销售部	2351	95	45	1,967	4,275	6,242
4	王陆洋	男	培训部	2350	110	60	2,356	6,600	8,956
5	罗文豪	男	软件部	2350	118	57	1,289	6,726	8,015
6	赵航	男	软件部	2346	100	61	1,635	6,100	7,735
7	秦文轩	男	软件部	2348	110	70	1,730	7,700	9,430
8	王蒙蒙	女	软件部	4335	116	50	1,320	5,800	7,120
9	裴可心	女	培训部	4335	90	48	1,360	4,320	5,680
10	牛彤	男	销售部	2344	96	65	2,100	6,240	8,340
11	宋双艳	女	软件部	4335	103	48	1,890	4,944	6,834
12	王改	女	培训部	4335	105	48	1,765	5,040	6,805
13	侯贯军	男	销售部	2344	100	64	1,850	6,400	8,250
14	岳姗姗	女	软件部	4337	105	63	1,690	6,615	8,305
15	邝周利	女	软件部	4337	98	46	1,980	4,508	6,488
16	周秋雨	女	培训部	4337	72	48	1,345	3,456	4,801

图4—49 添加筛选按钮

在"部门"后面的筛选按钮上单击，取消其他部门的选择，只选择"软件部"，单击"确定"按钮结束筛选，如图4—50所示。或者，单击图中"文本筛选"下的"等于"命令，在"自定义自动筛选方式"对话框中设置筛选条件"等于""软件部"，单击"确定"按钮。

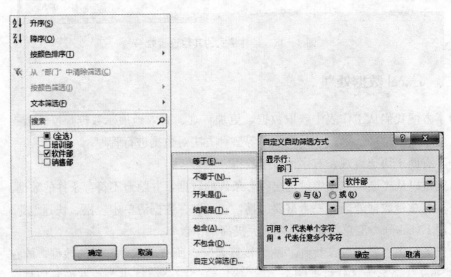

图4—50 设置自动筛选条件进行筛选

筛选结束以后，只有软件部的员工信息保留下来，其他部门的全部隐藏，如图 4—51 所示。在现有的数据上单击，按"Ctrl+A"，全选数据，按"Ctrl+C"，单击 Sheet3，单击其中的 A1 单元格，按"Ctrl+V"粘贴。这样，筛选出的所有软件部的数据就被放在 Sheet3 中，粘贴出来的数据没有筛选按钮。双击工作表标签 Sheet3，输入"软件部酬金表"，按"Enter"键完成改名。

A	B	C	D	E	F	G	H	I	J
				酬金发放表					
序号	姓名	性别	部门	办公室	工作时长	小时报酬	加班费	工作报酬	实发金额
1	车银行	男	软件部	2350	130	52	1,280	6,760	8,040
5	罗文豪	男	软件部	2350	118	57	1,289	6,726	8,015
6	赵航	男	软件部	2346	100	61	1,635	6,100	7,735
7	秦文轩	男	软件部	2348	110	70	1,730	7,700	9,430
8	王蕙蕙	女	软件部	4335	116	50	1,320	5,800	7,120
11	宋双艳	女	软件部	4335	103	48	1,890	4,944	6,834
14	岳嬿嬿	女	软件部	4337	105	63	1,690	6,615	8,305
15	邝周利	女	软件部	4337	98	46	1,980	4,508	6,488

图 4—51 筛选出"软件部"的信息

这种使用筛选按钮实现条件设定的筛选称为自动筛选。自动筛选一般用于简单的条件筛选，以及条件之间为"逻辑与"关系的多条件筛选，也可以实现较为复杂的筛选，如在"数字筛选"中不仅可以设置"等于"、"大于"等条件，也可以进行灵活的"自定义筛选"，还可以筛选出"10 个最大的值"、"高于平均值"、"低于平均值"等。又如在"文本筛选"中还可以设置"开头是"、"结尾是"、"包含"、"不包含"等，非常灵活。例如筛选出实发金额最低的 5 项，筛选出实发金额最高的前 20％的数据；又例如使用"开头是"筛选出姓张和姓李的数据，使用"包含"筛选出籍贯为某地市的数据。如图 4—52、图 4—53 所示。

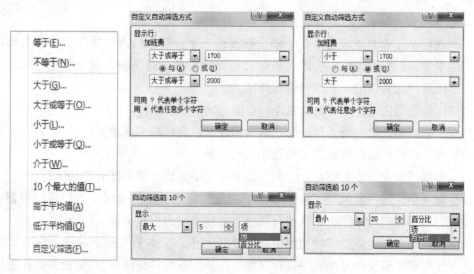

图 4—52 灵活多变的"数字筛选"及举例

如果筛选的条件与多列有关，且条件之间为逻辑与的关系，即所有条件都必须成立，

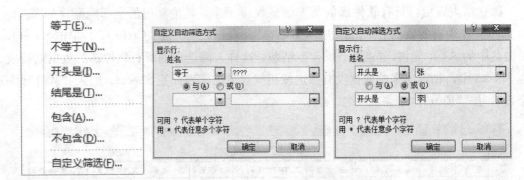

图 4—53 灵活多变的"文本筛选"及举例

那么，可以在所有相关的列标题的筛选按钮上进行——筛选。例如，要找出软件部加班费在 1 800 元以上的女职工，就可以在列标题"部门"上筛选"等于"、"软件部"，列标题"加班费"上筛选"大于或等于"、"1800"，列标题"性别"上筛选"等于"、"女"即可，而且筛选结果与三个条件筛选的次序无关，必须全部成立才能被筛选出来。（注：如果多个条件之间的关系更为复杂，请考虑采用高级筛选来实现。）

一般情况下，筛选出的数据会被复制、粘贴到别处使用，而原有数据恢复原状。要达到这一目的，有多种方法。在"数据"选项卡下的"排序和筛选"组中有两个命令可以使用："筛选"命令" "和"清除"命令" 清除"。如果恢复数据后还要进行其他筛选，可以单击"清除"按钮，所有数据全部出现，但是列标题上的筛选按钮依然存在；如果不再进行筛选，可以单击"筛选"按钮，将所有列标题上的"筛选"按钮清除，所有数据全部出现。当然，对筛选过的某列的条件设置为"全部"也可以清除单列的筛选条件，恢复因这一条件而隐藏的数据行。本例选择单击"筛选"命令恢复数据。

2. 数据排序

下面我们要完成的要求是：在"酬金核算表"中，按部门进行排序，核算各部门实发金额的平均值。要想完成本要求，需要进行分类汇总，而正确实现分类汇总的前提是排序，所以我们先来认识一下如何进行排序。

被排序的数据区域必须为数据清单，也就是满足以下条件：

（1）数据清单的第一行为列标题，也叫字段名，列标题不要重复；

（2）每一列必须是性质相同、类型相同的数据；

（3）数据清单中不能有空行、空列、合并过的单元格，也不能有非法字符。

排序就是指按照一定的规则将数据清单的数据变成有序的数据。我们可以根据需要按照升序、降序等进行排序，默认按行排序，即排序时行保持不变。

排序的默认次序为：数字按照数值大小比较大小，文本型按照字符的 ASCII 码比较大小，汉字按照拼音或者笔画顺序排序（默认按照拼音顺序排序），空格始终排在最后。

我们将排序操作分为两种：简单排序和多关键字排序。

简单排序，就是以某一列数据的值为依据进行排序。操作步骤是：单击数据清单中要排序字段内的任意一个单元格，单击"数据"选项卡下"排序和筛选"组中的"升序"按钮" A↓ "或者"降序"按钮" Z↓ "，即可完成。

多关键字排序，对数据按照两个或两个以上的列的数据值为依据进行排序。单击数据清单中任意一个单元格，单击"数据"选项卡下"排序和筛选"组中的"排序"按钮" ⊞ "。首先设置和比较主要关键字，在主关键字的取值完全相同时，会根据次要关键字的取值进行排序，在主要关键字和次要关键字的取值都相同时，会根据下一个次要关键字的取值进行排序，以此类推。例如，先将相同部门的数据排列在一起，升序排列；同一部门的数据按照性别，升序排列；同部门同性别的数据按照实发金额排列，降序排列。其中，单击"选项"按钮，可以改变排序的一些默认选项。如图4—54所示。

图4—54　多关键字排序举例

在本例中，"酬金核算表"中只需要按部门进行排序，运用简单排序就可以完成。单击"部门"列中的任意一个单元格，单击"数据"选项卡下"排序和筛选"组中的"升序"按钮" A↓ "即可。

3. 分类汇总

排序操作完成了数据的分类，是下一步分类汇总的前提。本例接下来需要核算各部门实发金额的平均值，所以要先将数据按照部门进行排序，将相同部门的数据集中在一起，此处选择升序还是降序不重要。

按照部门排序之后，单击"数据"选项卡下"分级显示"组中的"分类汇总"按钮" ⊞ "，在弹出的"分类汇总"对话框中选择：分类字段为"部门"，汇总方式为"平均值"，选定汇总项为"实发金额"。单击"确定"按钮，如图4—55所示。

最为关键的是，此处的分类字段要和前期排序的字段相符，否则将出现比较混乱的汇总结果，如图4—56所示。出现这种情况时，可以取消"分类汇总"结果。单击"分类汇总"按钮，在弹出的"分类汇总"对话框中选择左下角的"全部删除"按钮，将数据恢复原状，如图4—57所示。然后再检查出错原因，确认正确排序之后，再次进行"分类汇总"，确认分类字段与排序字段相符，单击"确定"按钮。

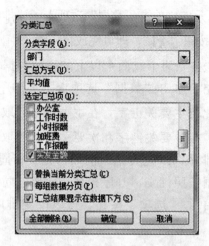

图 4—55 "分类汇总"对话框

1 2 3		A	B	C	D	E	F	G	H	I	J
	1	酬金发放表									
	2	序号	姓名	性别	部门	办公室	工作时数	小时报酬	加班费	工作报酬	实发金额
	3	4	王陆洋	男	培训部	2350	110	60	2,356	6,600	8,956
	4			男 平均值							8,956
	5	9	裴可心	女	培训部	4335	90	48	1,360	4,320	5,680
	6	12	王改	女	培训部	4335	105	48	1,765	5,040	6,805
	7	16	周秋雨	女	培训部	4337	72	48	1,345	3,456	4,801
	8			女 平均值							5,762
	9	1	车银行	男	软件部	2350	130	52	1,280	6,760	8,040
	10	5	罗文豪	男	软件部	2350	118	57	1,289	6,726	8,015
	11	6	赵航	男	软件部	2346	100	61	1,635	6,100	7,735
	12	7	秦文轩	男	软件部	2348	110	70	1,730	7,700	9,430
	13			男 平均值							8,305
	14	8	王蒙蒙	女	软件部	4335	116	50	1,320	5,800	7,120
	15	11	宋双艳	女	软件部	4335	103	48	1,890	4,944	6,834
	16	14	岳蓉蓉	女	软件部	4337	105	63	1,690	6,615	8,305
	17	15	邝周利	女	软件部	4337	98	46	1,980	4,508	6,488
	18	2	王思玉	女	销售部	4337	70	45	1,632	3,150	4,782
	19			女 平均值							6,706
	20	3	郑明辉	男	销售部	2351	95	45	1,967	4,275	6,242
	21	10	牛彤	男	销售部	2344	96	65	2,100	6,240	8,340
	22	13	侯贯军	男	销售部	2344	100	64	1,850	6,400	8,250
	23			男 平均值							7,611
	24			总计平均值							7,239

图 4—56 "分类汇总"结果出现混乱

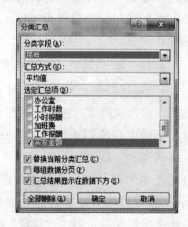

图 4—57 "全部删除"恢复数据

分类汇总中，常用的汇总方式还有求和、计数、最大值、最小值、乘积等。汇总之后，在不同类别的下方会出现一行加粗显示的汇总结果，在行号左侧出现1、2、3三个分级显示按钮，如图4—58所示。单击1，只显示列标题和总计汇总结果；单击2，显示各个分类汇总结果和总计汇总结果；单击3，显示全部详细数据。

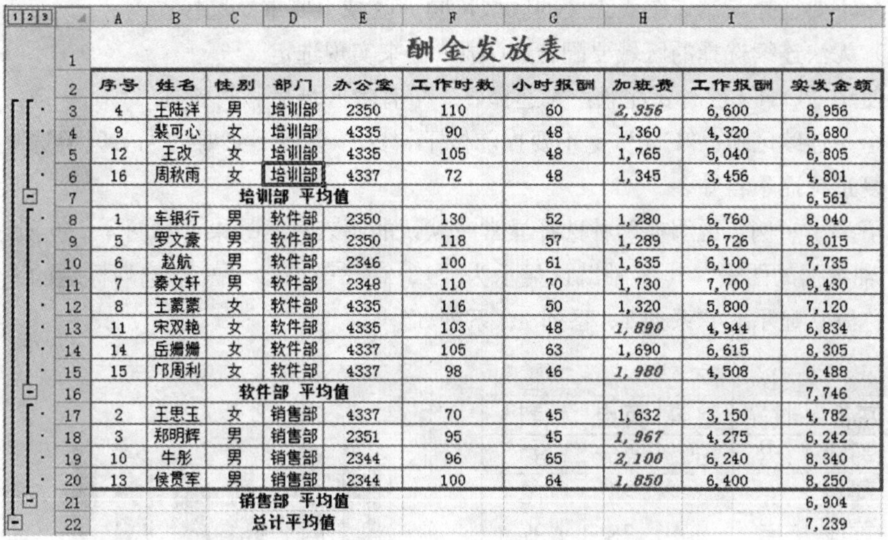

图4—58　正确的"分类汇总"结果

三、 Excel 图表制作

为了更直观地展示数据之间的变化或数据之间的关系，我们可以将数据转化为图表的形式表现出来。图表具有较强的视觉效果，可以更直观、更形象地揭示数据之间的关系，反映数据的变化规律和发展趋势，从而为用户进行数据决策提供可靠的保证。

1. 图表基础

Excel 2010 图表有多种类型，每一种类型又有若干子类型。常用的图表类型有柱形图、饼图、折线图等。每一类图表具有自己的特点和优势，适用于不同的场合：

（1）柱形图：用柱形表示数据的图表，比较数据间的多少关系。柱形图可以绘制多组系列，同一数据系列中的数据点用同一颜色或图案绘制。

（2）饼图：用于表示数据间的比例分配关系，但它只能处理一组数据系列，且无坐标轴和网格线。

（3）折线图：使用点以及点之间连成的折线来表示数据，显示随时间或有序类别而变化的趋势。

2. 图表制作第一步——选定数据

制作图表分为三步：首先，找到和选中用于制作图表的数据区域；其次，选择合适的图表类型、插入图表；最后，调整和美化图表。

俗话说，"水是有源的，树是有根的"。制作图表是为了有效地展示数据，因此，图表是有数据来源的，是根据选定数据来制作和生成的。在三个步骤之中，选定数据区域既是最简单的，又是最容易出错的，也是对图表效果影响最大的，所以不容小觑。

在选择制作图表的数据区域时，要遵循以下原则：

（1）要有规律地、对称地、流畅地、能连续选择尽量连续地进行选择；

（2）不要选择与制作图表无关的区域，同一区域不要重复选择；

（3）无法连续选择的区域要配合"Ctrl"键来实现选定。

在使用"Ctrl"键时要注意：先选择好一个有效区域后，再按住"Ctrl"键，同时选择下一个不连续区域。"Ctrl"键不要提前按下，这样会将不必要的无关区域选上，或者造成重复选择而不自知。

以下举出一例，说明在两种选择异常时默认的图表显示效果，如图4—59所示。"忘记选X轴数据的图表"其X轴默认显示为"1、2、3……"；"忘记选列标题的图表"其系列名称默认显示为"系列1、系列2、系列3"。

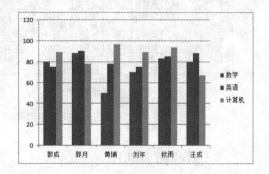

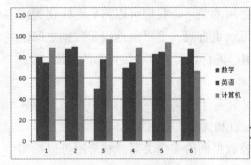

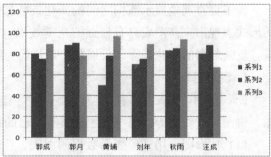

图4—59　不同的选择得到不同的图表结果

3. 图表制作第二步——插入图表

本任务需要制作两个图表：在"软件部酬金表"中，以软件部全体人员的实发金额为数据，建立三维簇状柱形图，显示图表标题"软件部实发金额表"；在"酬金核算表"中，以分类汇总出的各部门实发金额平均值为数据，制作三维饼图，图表标题为"各部门平均实发酬金对比图"，显示部门和比例。以上图表均不显示图例，图表嵌入到数据所在的工作表。

首先，创建第一个图表。单击工作表标签"软件部酬金表"，选中软件部的全体人员的姓名区域B2：B10和实发金额区域J2：J10。方法：先使用鼠标左键拖选B2：B10，然后松开鼠标，按下"Ctrl"键不放，同时使用鼠标左键拖选 J2：J10。选择结束时，先松开鼠标，然后再松开"Ctrl"键。

正确选定数据区域以后，插入图表。单击"插入"选项卡下"图表"组中的"柱形图"按钮"📊"，在弹出的下拉列表中选择"三维柱形图"中的子图表类型"三维簇状柱形图"按钮"📊"。此时，会自动创建出一个以我们所选数据为依据的三维簇状柱形图表，如图 4—60 所示。将自动生成的图表标题改为"软件部实发金额表"。

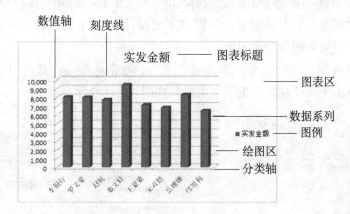

图 4—60　三维簇状柱形图及其构成元素

下面，我们来认识一下 Excel 图表的构成元素：

（1）图表区：指整个图表的背景区域。

（2）绘图区：用于绘制数据的区域。其中含有两条坐标轴、刻度线、数据系列、图表标题、坐标轴标题、图例等。

（3）数据标签：一个数据标签对应工作表中一个单元格的具体数值。

（4）数据系列：绘制在图表中的一组相关数据标签，来源于工作表中的一行或一列数值数据。图表中的每一组数据系列都以相同的形状和图案、颜色表示。例如图 4—60 中的数据系列就是每个人的实发金额。饼图只有一个数据系列。

（5）图例：对应工作表这组数据的行标题或最左边一列的数据，用于标志图表中的数据系列或分类指定的图案或颜色。

（6）坐标轴：界定图表绘图区的线条，为图表中的数据标记提供计量和比较的参照轴。对于大多数图表，数据值沿垂直轴（数值轴）绘制，而数据分类则沿水平轴（类别轴）绘制。饼图没有坐标轴。

（7）刻度线：坐标轴上类似于直尺分割线的短线度量线。

图表的移动和调整大小：刚刚创建的图表，其位置和大小一般都需要调整。

（1）单击选中图表，将鼠标指针指向图表区靠近边缘的位置，指针变成带有箭头的黑色十字形时，按下左键拖动即可将图表移动到新位置。

（2）单击选中图表，将鼠标指针指向图表边框的四个角和四个边的中心位置，指针变成双向白色箭头时，按下鼠标左键即可调整图表的大小。

4. 图表制作第三步——编辑图表

在图表创建以后，除了位置和大小以外，还可以根据需要，对图表元素进行编辑修改。这些修改可以分为以下几类：

（1）增减图表中的元素，如标题、图例、数据标签、模拟运算表等。

（2）调整现有元素的细节和格式，如刻度、图表区格式、数据系列的颜色等。

（3）对图表做出较大的改动，如更改图表类型、切换行/列、选择数据、增加表格等。

要编辑修改图表，应先选中图表。选择图表后，在 Excel 2010 窗口原来选项卡的位置右侧增加了"图表工具"选项卡，并提供了"设计"、"布局"和"格式"三个选项，以方便对图表进行更多的设置和编辑。

第一类，增减图表中的元素，如标题、图例、数据标签等，都是通过"图表工具"的"布局"选项卡下的"标签"组来实现的，如图 4—61 所示。

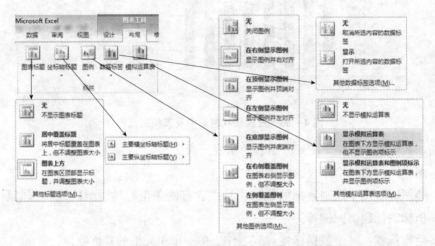

图 4—61 通过"布局"增减图表中的元素

第二类，调整现有元素的细节和格式，如刻度、图表区格式、数据系列的颜色等，通过在需要编辑修改的位置双击鼠标，在弹出的对话框中进行修改，如图 4—62 所示。

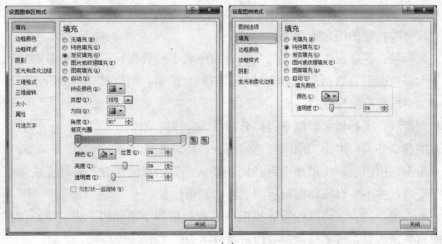

（a）

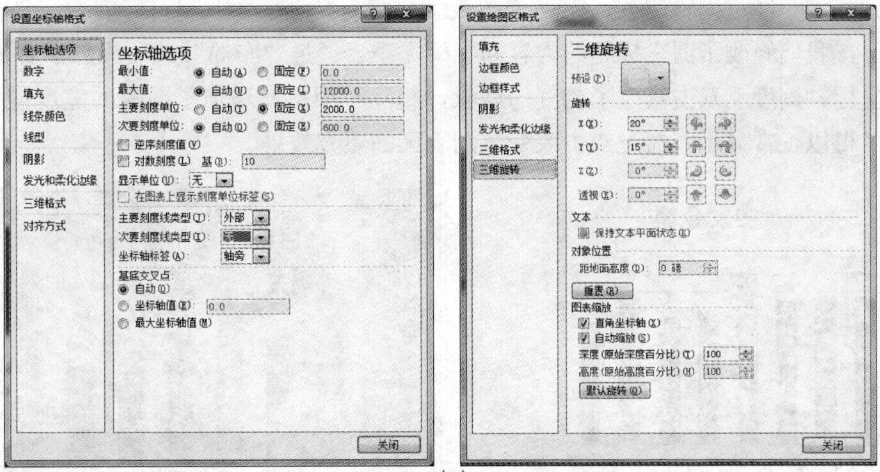

(b)

图 4—62　通过双击编辑图表元素

第三类，对图表做出较大的改动，如更改图表类型、切换行/列、选择数据、增加表格等，都是通过“图表工具”的“设计”选项卡下的“类型”和“数据”组来实现的，如图 4—63、图 4—64 所示。

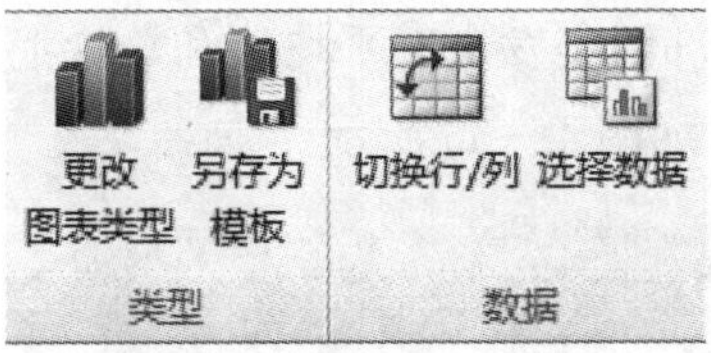

图 4—63　“设计”选项卡左侧的“类型”和“数据”组

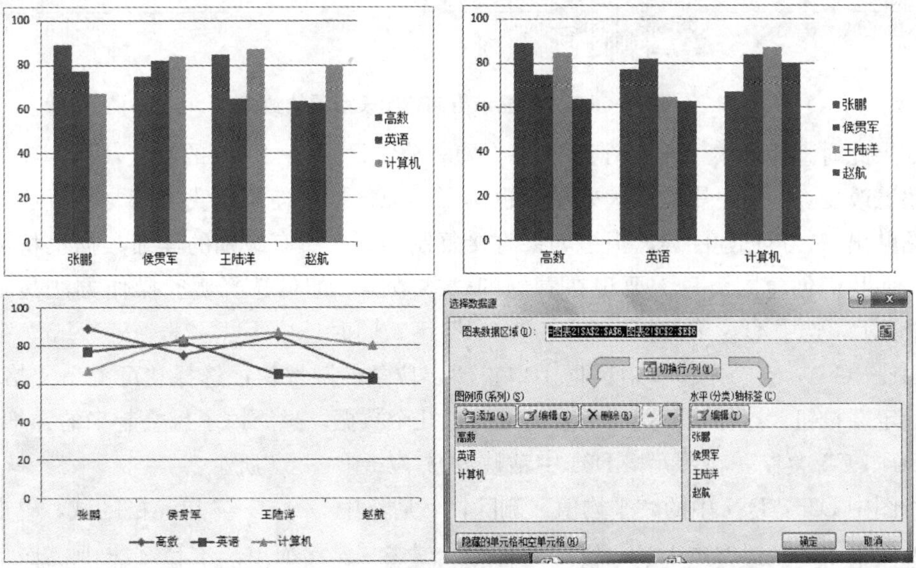

图 4—64　通过“设计”切换行/列、更改图表类型、选择数据

回到本例，经过编辑调整，第一个图表就创建完成了，如图4—65所示。对比两图可以看出，我们修改了图表标题的内容和字体大小，通过"布局"选项添加了数据标签，通过在坐标轴刻度上双击修改了刻度的增量，删除了图例，增加了图表的宽度使X轴的员工姓名得以正常显示，通过双击改变了图表区的填充效果。

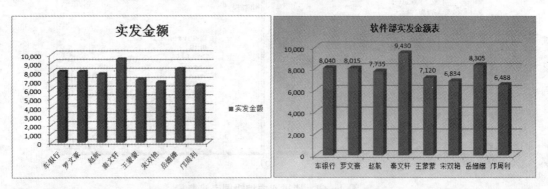

图4—65　第一个图表的原始效果和最终效果

下面来创建第二个图表：在"酬金核算表"中，以分类汇总出的各部门实发金额平均值为数据，制作三维饼图，图表标题为"各部门平均实发酬金对比图"，显示部门和比例。

显然，第二个图表的数据来源于上一步的分类汇总结果。在"酬金核算表"中，单击分级显示按钮2，仅显示出部门实发金额平均值和总计汇总结果。配合"Ctrl"键正确选中创建图表所需要的数据，如图4—66所示。

		A	B	C	D	E	F	G	H	I	J
1					酬金发放表						
2		序号	姓名	性别	部门	办公室	工作时数	小时报酬	加班费	工作报酬	实发金额
7					培训部 平均值						6,561
16					软件部 平均值						7,746
21					销售部 平均值						6,904
22					总计平均值						7,239

图4—66　分级显示出创建图表所需的数据

如果此时直接选中"插入图表"，那么随着分级显示1、2、3的改变，所创建的图表也会跟着改变。为了不影响图表效果，也不影响原数据的使用，我们需要将所选数据复制、粘贴出来，再创建图表。但是如果直接复制的话，所有级别的详细数据也将被复制出来，而我们创建图表只需要现在看到的这些数据，如何选择呢？操作方法是：如图4—66所示，选中D2：D21后，配合"Ctrl"键，同时选中J2：J21，按"F5"键（或者"Ctrl＋G"），在"定位"对话框中单击"定位条件"按钮，选择"可见单元格"，单击"确定"按钮。这样就只选中了看得见的这几个数据，过滤掉了折叠起来的详细数据，按"Ctrl＋C"复制，在单元格D24中粘贴数据，如图4—67所示。

将图中D25：D27中的"平均值"删除，然后选中D24：E27单元格区域，单击"插入"选项卡下"图表"组中的"饼图"按钮" "，在弹出的下拉列表中选择"三维饼图"中的子图表类型"三维饼图"按钮" "，则创建出以各部门实发金额平均值为

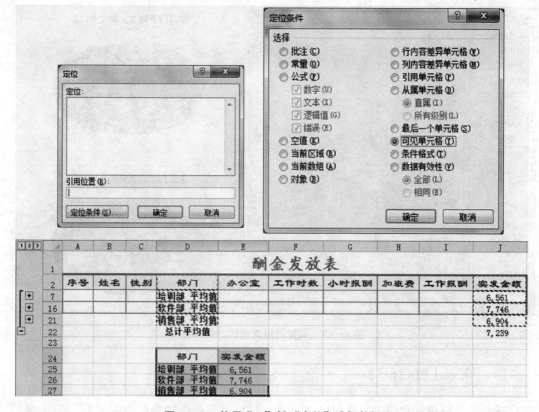

图 4—67　使用 "F5" 键 "定位" 选择数据

数据制作的三维饼图，如图 4—68 所示。

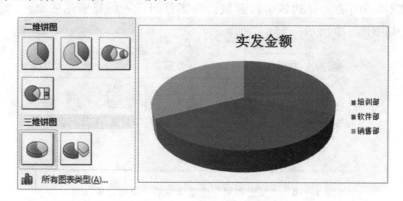

图 4—68　自动创建出的三维饼图

　　将自动生成的图表标题改为 "各部门平均实发酬金对比图"，字体、字号改为宋体、14 磅。选中图例，按 "Delete" 键删除图例。单击 "图表工具" 选项卡中的 "布局" 选项，添加 "数据标签外" 类型的数据标签。此时，饼图上显示出各部门平均实发酬金的数值。而我们需要显示部门名称和所占比例。双击某一个数据标签的数值，在弹出的 "设置数据标签格式" 对话框中勾选 "类别名称" 和 "百分比"，单击 "关闭" 按钮。第二个图表的调整过程和效果如图 4—69 所示。这样，第二个图表也按照要求完成了。

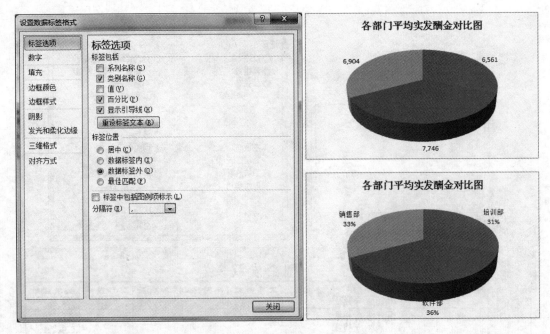

图4—69 调整三维饼图的数据标签

四、Excel 页面布局

所有的数据核算和图表制作都已经完成，赵航最后提出这两张表需要打印出来交给领导，但是他又不会进行 Excel 打印设置，只好继续麻烦王宇航了。

这也难不住王宇航，他边做边教赵航：其实打印设置的秘密几乎全在"页面布局"选项卡里，如图4—70所示。

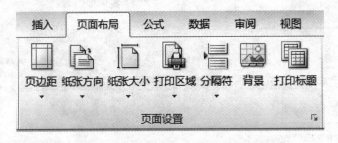

图4—70 "页面布局"选项卡中的"页面设置"组

单击"页面布局"选项卡下"页面设置"组右下角的对话框启动器按钮" "，在弹出的"页面设置"对话框中设置"纸张方向"为横向，"页边距"选项中上、下、左、右分别为2、2、2.5、2.5，如图4—71所示。这项设置也可以通过"页面设置"组中的"页边距"和"纸张方向"单项设置按钮实现。

两张工作表的页面设置都被设置好了，但是赵航又提出了疑问：Word 文档采用的是"页面"视图，打印又是"所见即所得"的效果，所以掌握 Word 打印技巧很容易。但

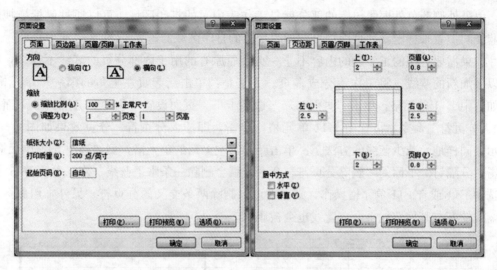

图 4—71 "页面设置"对话框

是，Excel 中没有这些概念，如何看出来页面的边界在哪里，如何控制哪些内容出现在哪个页面呢？王宇航给予了解答：

这就需要指定打印区域，进行分页设置，即划分页面的边界，将原本分布在一大片区域的数据合理划分在不同的页面里。

在默认状态下，Excel 会自动选择有文字的最大行和列为打印区域。通常，我们打开的 Excel 数据处于普通视图状态，如果想方便地进行打印区域的设置和页面的划分等打印设置，就要进入专门的"分页预览"状态：单击"视图"选项卡下"工作簿视图"组的"分页预览"命令，工作表上会弹出一个欢迎窗口，单击"确定"按钮，如图 4—72 所示。

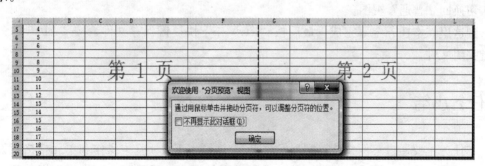

图 4—72 进入"分页预览"视图

"普通"视图常用于数据录入和日常数据管理，"分页预览"视图常用于打印之前对数据的分页处理，两种视图可以通过"视图"选项卡自由切换。

在图中可以看到一些蓝色框线，这些蓝线是系统自动产生的分页符：蓝色竖线叫垂直分页符，起左、右分页的作用；蓝色横线叫水平分页符，起上、下分页的作用。蓝线就是页面的边界，由蓝线分隔开的数据将分别打印在不同的页面上。这些分页符的位置取决于纸张的大小、页边距设置和设定的打印比例。

由最外侧蓝色外框线包围的部分就是工作表中总的打印区域，可以通过鼠标拖拽改变蓝线的位置来选定新的页面边界，即改变总的打印区域的边界。

如果需要打印的工作表的内容不止一页，而原有的用于内部分页的蓝线不够多，则可以添加新的蓝线，将工作表分成多页。方法是：单击新起页左上角的第一个单元格，例如选中 E11 单元格，单击"页面布局"选项卡下"页面设置"组中"分隔符"下面的"插入分页符"命令，再选中 H11 单元格，单击，即插入分页符。分页效果如图 4—73 所示。同样地，减少蓝线的方法是：单击新起页左上角的单元格，例如选中 F11 单元格，单击"分隔符"下面的"删除分页符"命令，就会删除一条水平蓝线（水平分页符）；如果选中 E11 或者 F11 单元格操作，则一次可以删除两条交叉的分页符。另外，用鼠标拖拽蓝线使其与其他蓝线重合，蓝线也会被删除。

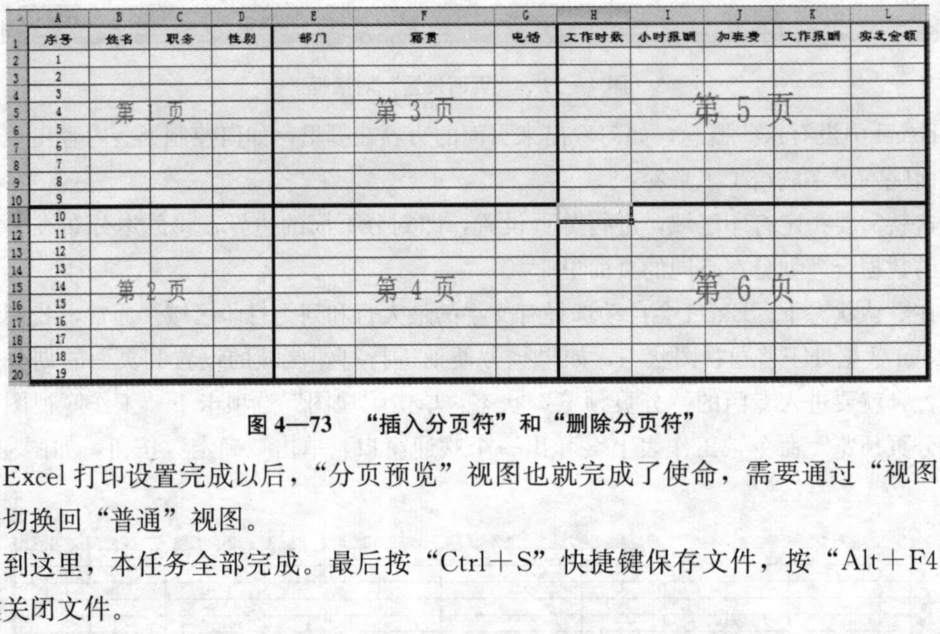

图 4—73　"插入分页符"和"删除分页符"

Excel 打印设置完成以后，"分页预览"视图也就完成了使命，需要通过"视图"选项卡切换回"普通"视图。

到这里，本任务全部完成。最后按"Ctrl＋S"快捷键保存文件，按"Alt＋F4"快捷键关闭文件。

任务小结

本任务主要通过案例"核算酬金发放表"，回顾了 Excel 基本操作和单元格格式设置技巧，学习了排序、筛选和分类汇总的数据处理技巧，学习了图表制作与编辑技巧，以及 Excel 打印与页面布局等设置方法。

项目小结

本项目主要介绍了 Excel 2010 的基本操作，包括文件的创建、保存与关闭，工作表的增/删、隐藏与重命名，数据行/列位置的调整，行高与列宽的调整，单元格数据的输入与自动填充，单元格格式的设置；介绍了公式与函数的基础，包括公式的书写规则，常用的五个基本函数，以及复杂一些的函数，即 IF、COUNTIF、SUMIF，并运用所学的知识对数据进行进一步核算；介绍了排序、筛选和分类汇总的数据处理技巧，学习了图表制作与编辑技巧，以及 Excel 打印、分页视图及页面布局等设置方法。

通过本项目的学习，我们对 Excel 2010 有较深的了解。不过，本项目还只能说是对 Excel 基础的讲解，很多更加复杂的应用技巧等待我们日后去探索发现，比如高级筛选技巧、多重分类汇总技巧、复杂的条件格式规则书写、数据有效性的设置、查询等复杂函数的应用、双轴图表与动态图表的制作、数据透视图和数据透视表的制作与应用、VBA 编程与宏的应用等。学习 Excel 不是一朝一夕的事情，需要我们多见识、多动手、多动脑、勤思考，日积月累才能牢固掌握，形成运用 Excel 解决问题的思维方式，灵活地解决实际问题。

思考与练习

一、选择题

1. 在 Excel 工作表中，单元格区域 D2：E4 所包含的单元格个数是____。
   A. 5   B. 6   C. 7   D. 8

2. 在 Excel 中，某个单元格的数值为 1.234E+05，与它相等的数值是____。
   A. 1.23405   B. 1.2345   C. 6.234   D. 123400

3. 在 Excel 中，选取一行单元格的方法是____。
   A. 单击该行行号
   B. 单击该行的任一单元格
   C. 在名称框输入该行行号
   D. 单击该行的任一单元格，并选择"编辑"菜单的"行"命令

4. 在 Excel 中，下面____是数值型数据。
   A. =12/2   B. =12   C. ="12"&"2"   D. 12/2

5. Excel 中的求和函数是____。
   A. SUM   B. AVERAGE   C. MAX   D. MIN

6. 如要选择不连续单元格，可配合使用____键。
   A. Ctrl   B. Esc   C. Shift   D. Alt

7. 在 Excel 2010 中，关于"选择性粘贴"的叙述，错误的是____。
   A. 选择性粘贴可以只粘贴格式

B. 选择性粘贴可以只粘贴公式

C. 选择性粘贴可以将源数据的排序旋转 90°，即"转置"粘贴

D. 选择性粘贴只能粘贴数值型数据

8. 在 Excel 中，下面叙述中正确的是____。

A. 不可以在不同工作簿中移动工作表

B. 工作表被隐藏后，可以通过重新打开文件的方法取消隐藏

C. 隐藏工作表和隐藏工作簿是一回事

D. 以上说法都不对

9. 在 Excel 工作表中已输入的数据如下所示：

10	10	10%	＝a1*c1
20	20	20%	

如将 d1 单元格中的公式复制到 d2 单元格中，则 d2 单元格的值为____。

A. ＃＃＃＃＃   B. 2   C. 4   D. 1

10. Excel 的数据清单的行表示数据库的____。

A. 字段   B. 记录   C. 顺序   D. 行标

11. 在 Excel 中，不可以被隐藏的是____。

A. 单元格   B. 行   C. 工作表   D. 窗口

12. Excel 2010 文件扩展名是____。

A. .pptx   B. .xlsx   C. .fpt   D. .docx

13. 在 Excel 2010 中，对工作表的数据进行一次排序，排序主要关键字____、次要关键字____。

A. 只能一列、可以多列

B. 只能两列、可以多列

C. 最多三列、可以多列

D. 任意多列、可以多列

14. 单元格内换行使用的组合键是____。

A. Ctrl＋Enter   B. Ctrl＋F5

C. Shift＋Enter   D. Alt＋Enter

15. 使用自动填充方式无法实现以下____操作。

A. 复制数据   B. 填充等差数列

C. 填充等比数列   D. 填充格式

二、简答题

1. 简述 Excel 的启动方式。

2. 设置数据的高级筛选时应该注意哪些问题？

3. 举例说明在公式和函数中，分别在什么情况下需要进行单元格的相对引用、绝对

引用、混合引用。

4. 如果想单独选中有分类汇总结果的单元格，如何操作？

5. 简述 Excel 数据表打印设置的步骤。

6. 你见过双轴图表吗？你知道双轴图表适合反映什么特点的数据吗？

三、 实训任务

实训 1：核算工资表

新建 Excel 工作簿，按照以下要求处理：

（1）在 Sheet1 中，录入原始数据，并设置标题行行高为 30，其余行行高为 15。

（2）在 Sheet1 中，设置标题单元格格式。其中，字体为黑体、加粗，字号为 24，字体颜色为标准色蓝色 RGB（0，0，255），跨列居中。

（3）在 Sheet1 中，使用公式或函数计算工资总额。

（4）在 Sheet1 中，使用函数填写备注栏。当工资总额≥1 000 时，备注栏填写"一般"，否则填写"较低"。

（5）在 Sheet1 中，利用条件格式将基本工资≥900 的单元格用标准色红色斜体显示。

（6）在 Sheet1 中，按"部门"进行升序排列。

（7）在 Sheet1 中，按"部门"分类汇总，汇总方式为平均值，汇总字段为基本工资、工资总额。

（8）在 Sheet1 中，按研发部的三位职工的姓名、基本工资、补贴、奖金和工资总额建立三维簇状柱形图，并将图表存放到本工作表中。

（9）在 Sheet1 中，设置图表的标题为"研发部工资发放表"，字体为宋体、常规，字号为 10 磅。

（10）将 Sheet1 更名为"解答"，将文件名命名为"工资表.xlsx"。

原始数据与最终处理结果如图 4—74 所示。

	A	B	C	D	E	F	G
1	工资表						
2	姓名	部门	基本工资	补贴	奖金	工资总额	备注
3	郭利娜	后勤部	908	200	100		
4	韩娜	后勤部	500	200	100		
5	李光波	生产车间	512	250	200		
6	李小波	财务部	778	200	150		
7	孙传伟	生产车间	567	250	200		
8	孙纪辉	后勤部	500	200	100		
9	王东滤	生产车间	654	250	200		
10	王磊	研发部	987	200	150		
11	于坦	后勤部	800	200	100		
12	张丹	后勤部	987	200	100		
13	张红	研发部	500	200	150		
14	张江	生产车间	879	250	200		
15	张强生	研发部	890	200	150		
16	张小刚	财务部	900	200	150		
17	赵波东	生产车间	678	250	200		

(a)

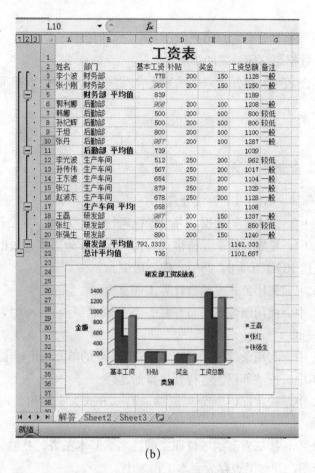

(b)

图 4—74 原始数据与最终处理结果

实训 2：统计销售表

新建 Excel 工作簿，按照以下要求处理：

（1）在 Sheet1 中，在第 1 行内输入标题内容，制作跨列标题（第一行：宋体，14 磅，加粗，行高 40；第二行：宋体，12 磅，加粗，行高 30），实现单元格内换行的效果，如图 4—75 所示。

（2）在 Sheet1 中，使用公式计算所有的"第一季度合计销售"。

（3）在 Sheet1 中，设置条件格式：将"第一季度合计销售"中高于平均值的数据用红色底纹、加粗倾斜字体显示。

（4）在 Sheet1 中，按照"分店号"分类汇总，汇总方式为求和，汇总字段为 1 月、2 月、3 月、第一季度合计销售。

（5）在 Sheet1 中，将汇总结果显示为 2 级，将 2 级汇总结果单独复制粘贴到 A34：E40 区域中，如图 4—76 所示。

（6）在 Sheet1 中，按 A34：D40 区域的数据建立三维簇状柱形图，并将图表存放到本工作表中。

（7）在 Sheet1 中，设置图表的标题为"各分店分销业绩统计表"，字体为宋体、常规，字号为 12 磅。

（8）在 Sheet1 中，删除文字"汇总"。

（9）选中 A35：A40，设置单元格格式为自定义格式，显示效果为"1 分店"、"2 分店"……最终处理结果如图 4—77 所示。

（10）将 Sheet1 更名为"解答"，将文件名命名为"销售表.xlsx"。

A	B	C	D	E	F
	某商场2016年第一季度各分店商品分类销售统计表				
分店号	产品类	1月	2月	3月	第一季度合计销售
1	产品类1	18	16	9	
1	产品类2	8	10	8	
1	产品类3	7	15	12	
1	产品类4	10	10	17	
2	产品类1	9	13	19	
2	产品类2	6	18	15	
2	产品类3	9	10	26	
2	产品类4	10	26	16	
3	产品类1	12	28	15	
3	产品类2	16	20	19	
3	产品类3	22	25	11	
4	产品类1	36	22	8	
4	产品类2	12	26	10	
4	产品类3	9	16	7	
4	产品类4	11	15	9	
5	产品类1	28	12	11	
5	产品类2	14	10	9	
5	产品类3	9	14	12	
6	产品类1	12	13	29	
6	产品类2	18	21	14	
6	产品类3	14	15	16	
6	产品类4	27	16	10	

图 4—75 原始数据

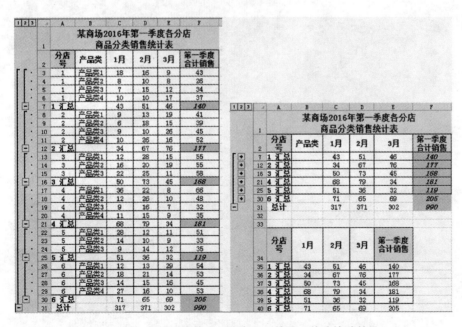

图 4—76 条件格式效果、分类汇总效果、单独粘贴效果

分店号	1月	2月	3月	第一季度合计销售
1分店	43	51	46	140
2分店	34	67	76	177
3分店	50	73	45	168
4分店	68	79	34	181
5分店	51	36	32	119
6分店	71	65	69	205

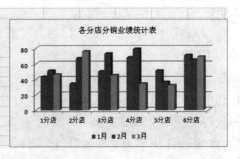

图 4—77　格式设置效果与图表效果

项目五

PowerPoint 2010 演示文稿制作

PowerPoint 2010 是 Microsoft Office 2010 办公软件中的一个重要组成部分，专门用于设计、制作信息展示等领域（如演讲、教学、做报告、产品演示、广告宣传等）的各种电子演示文稿，让信息以更轻松、更高效的方式表达出来。

PowerPoint 2010 与以前的版本相比在功能上有了非常明显的改进和更新：新增和改进的图像编辑和艺术过滤器使得图像变得更加鲜艳，引人注目；可以同时与不同地域的人共同合作演示同一个文稿；新增了 SmartArt 图形图片布局功能；增加了全新的动态切换，通过改进的功能区，可以快速访问常用命令；创建自定义选项卡，进行个性化的工作风格体验；此外还改进了图表、绘图、图片、文本等方面的功能，从而使演示文稿的制作和演示更加美观。

产品展示演示文稿——幻灯片静态制作

任务描述

小范是某手机销售公司销售部的工作人员，近期公司策划制作 2015 年热门产品手册，以实现进一步的推广和宣传。小李负责产品展示手册演示文稿的制作，经过组稿设计，最终效果如图 5—1 所示。

任务准备

- PowerPoint 2010 的工作界面和基础操作
- 演示文稿的创建和保存
- 幻灯片的新建和复制
- 设置文本、段落格式
- 设置版式、应用主题
- 文本框、图片、艺术字、形状、图表、SmartArt 图形等元素的插入
- 页眉和页脚、日期的插入

图 5—1　产品展示演示文稿效果图

任务实施

一、演示文稿的基本操作

1. 认识 PowerPoint 2010 的工作界面组成

PowerPoint 的主界面窗口中主要包含下列组成部分：标题栏、快速访问工具栏、选项卡、功能区、状态栏、幻灯片/大纲浏览窗格、编辑窗格、备注窗格以及视图按钮及显示比例区。PowerPoint 2010 的工作界面窗口如图 5—2 所示。

（1）标题栏。位于窗口的顶部，显示程序名称 Microsoft PowerPoint 和当前所编辑的演示文稿名。

（2）快速访问工具栏。主要放置一些在编辑文档时使用频率较高的命令，默认显示"保存"、"撤销"、"重复"命令按钮，以实现快速访问。

（3）功能区。PowerPoint 2010 将大部分命令分类放在功能区的各选项卡上，如"文件"、"开始"、"插入"、"设计"等。

（4）幻灯片/大纲浏览窗格。"幻灯片"窗格显示了幻灯片的缩略图，单击某张幻灯片的缩略图可选中该幻灯片，此时即可在右边的幻灯片编辑窗格编辑该幻灯片的内容；"大纲"窗格显示了幻灯片的文本大纲。

（5）编辑窗格。它是编辑幻灯片内容的区域，是演示文稿的核心部分。在该区域中可对幻灯片内容进行编辑、查看和添加对象等操作。

快速访问工具栏　　　　　　　　　　　标题栏　　　　选项卡

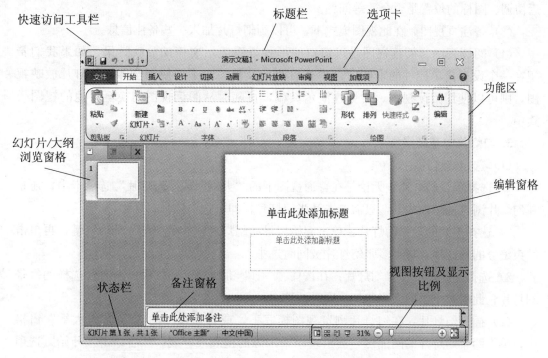

功能区

幻灯片/大纲
浏览窗格

编辑窗格

视图按钮及显示
比例

状态栏　　　备注窗格

图 5—2　PowerPoint 2010 的工作界面

（6）备注窗格。位于幻灯片编辑窗格下方，用于输入备注内容，可以为幻灯片添加说明，以使放映者能够更详细地讲解幻灯片中展示的内容。

（7）状态栏。位于 PowerPoint 2010 窗口的底部，用于显示当前演示文稿的编辑状态，包括视图模式、幻灯片的总页数和当前所在的页、缩放级别、显示比例等。

2. 演示文稿的各种视图

为了便于演示文稿的编排，PowerPoint 2010 根据不同需要提供不同的视图模式，如普通视图、幻灯片浏览视图、备注页视图和阅读视图等，如图 5—3 所示。

图 5—3　PowerPoint 2010 的视图

（1）普通视图。在此视图模式下可以编写或设计演示文稿，也可以同时显示幻灯片、大纲和备注内容。

（2）幻灯片浏览视图。在此视图模式下，幻灯片以缩略图方式显示在同一窗口中，可以查看设计幻灯片的背景、主题等演示文稿整体情况，也可以检查各个幻灯片是否前后协调、图标的位置是否合适等问题。

（3）备注页视图。在此视图模式下，可以为幻灯片加入一些备注信息。

（4）阅读视图。阅读视图是以窗口的形式查看演示文稿的放映效果。如果我们希望在一个设有简单控件的审阅窗口中查看演示文稿，而不想使用全屏的幻灯片放映视图，则可以使用阅读视图。要更改演示文稿，可随时从阅读视图切换至其他的视图模式中。

3. 幻灯片的基础操作

（1）选定幻灯片：

1）选择单张幻灯片：无论是在普通视图下的"大纲"或"幻灯片"选项卡中，还是在幻灯片浏览视图模式下，只需单击某张幻灯片，即可选中该张幻灯片。

2）选择连续的多张幻灯片：单击起始编号的幻灯片，然后按住"Shift"键，再单击结束编号的幻灯片，将有多张幻灯片被同时选中。

3）选择不连续的多张幻灯片：在按住"Ctrl"键的同时，依次单击需要选择的每张幻灯片，此时被单击的多张幻灯片同时被选中。

（2）插入幻灯片：在幻灯片浏览视图模式下，或普通视图的"幻灯片/大纲"窗格中，单击两个幻灯片的间隔区，会出现一条闪烁的横线或竖线。然后单击"开始"选项卡下"幻灯片"组中的"新建幻灯片"按钮，即可插入一张新的幻灯片。也可以通过单击鼠标右键，在弹出的快捷菜单里选择"新建幻灯片"命令来插入一张新幻灯片。

（3）删除幻灯片：在幻灯片浏览视图中，或普通视图的"幻灯片/大纲"窗格中，选择一个或多个需要删除的幻灯片，按"Delete"键进行删除。也可以用鼠标右键单击任意一个选中的幻灯片，选择弹出的快捷菜单里的"删除幻灯片"命令删除选中的幻灯片。

（4）复制和移动幻灯片：

1）复制幻灯片：在幻灯片浏览视图模式下，或普通视图的"幻灯片/大纲"窗格中，选定要复制的幻灯片，按住"Ctrl"键，然后按住鼠标左键拖动选定的幻灯片至新位置。释放鼠标左键，再释放"Ctrl"键，选定的幻灯片被复制到目的位置。

2）移动幻灯片：在幻灯片浏览视图模式下，或普通视图的"幻灯片/大纲"窗格中，选择一个或多个需要移动的幻灯片，按住鼠标左键拖至合适的位置即可。

另外，使用"开始"选项卡下"剪贴板"组中的"复制"、"剪切"按钮，或在用鼠标右键单击幻灯片后弹出的快捷菜单里选择"复制"、"剪切"命令，然后再执行"粘贴"命令，也可以完成幻灯片的复制或移动操作。

二、 设计演示文稿

演示文稿由一张或若干张幻灯片组成，如果由多张幻灯片组成，第一张为标题幻灯片，其余为内容幻灯片。每张幻灯片一般包括两部分内容：幻灯片标题（用来表明主题）和若干文本条目（用来描述主题）。另外还可以包括图片、图形、图表、表格、声音、视频等用来论述主题的内容。

步骤一 创建演示文稿

方法一：默认情况下，启动 PowerPoint 2010 时，系统会自动新建一份文件名为"演示文稿1"的空白演示文稿，并新建1张幻灯片。

方法二：使用"文件"选项卡下的"新建"命令创建空白演示文稿。单击"文件"选项卡下的"新建"命令，在"可用的模板和主题"列表框中选择"空白演示文稿"选项，然后单击"创建"命令按钮，即可创建一个空白演示文稿，如图5—4所示。

图5—4 新建演示文稿

步骤二 制作首页

（1）设置主题。在空白演示文稿界面上选择"设计"组中的"其他"按钮，显示出不同主题，将鼠标移动到每个主题上并停留2秒钟，显示该主题界面，根据需求单击选中任意主题，如"夏至"，该主题被应用于整个演示文稿，如图5—5所示。如果只是设置当前幻灯片为当前主题，则选中后单击鼠标右键，在弹出的快捷菜单中选择"应用于选定幻灯片"。

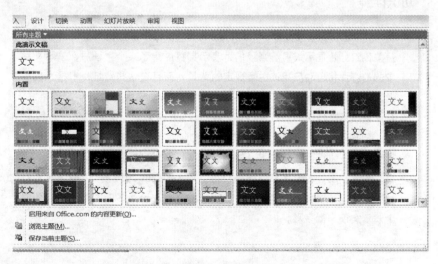

图5—5 设置主题

（2）设置文本格式。新建的演示文稿第一张幻灯片默认为标题幻灯片，如图5—6所示。单击主标题占位符，输入"热门手机展示（2015）"，在"开始"选项卡中设置字体为"华文新魏"，字号为"54"，文字加粗，带阴影，再切换至"绘图工具"功能区的"格式"选项卡，单击"艺术字样式"中的"文本轮廓"按钮，选择"红色"，单击"艺术字样式"中的"文本填充"按钮，选择"褐色，强调文字颜色5，淡出40％"。

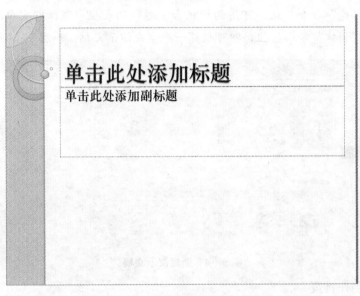

图5—6　标题幻灯片

（3）插入图片。单击"插入"选项卡下"插图"组中的"图片"按钮，打开"插入图片"对话框，选择图片插入。制作完成后的效果如图5—7所示。

知识详解

　　"主题"将背景设计、占位符版式、颜色和字形应用于幻灯片，可快速美化幻灯片显示效果。当我们为演示文稿应用了某个主题后，演示文稿中的幻灯片将自动应用该主题规定的背景，而且在这些幻灯片中插入的图形、表格、图表、艺术字或文字等对象都将自动应用该主题规定的格式，从而使演示文稿中的幻灯片具有一致而专业的外观。

　　"幻灯片版式"是指幻灯片内容在幻灯片上的排列方式。版式由占位符组成，占位符可放置文字（如标题和项目符号列表）和其他内容（如表格、图表、图片、形状和剪贴画）等。PowerPoint 2010有11种内置幻灯片版式，也可以自己创建满足特定需求的版式。灵活多变的版式，会使整个演示文稿丰富多彩。

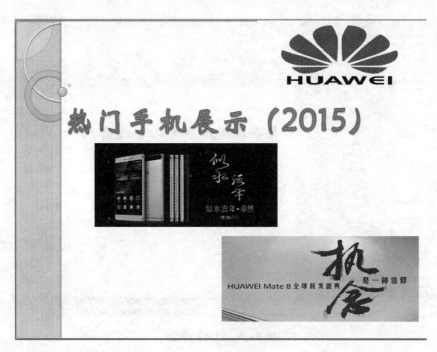

图 5—7 首页效果图

步骤三 设计第 2 张幻灯片

（1）新建幻灯片。单击幻灯片窗格中的第一张幻灯片，按"Enter"键或在"开始"选项卡中单击"新建幻灯片"按钮，插入版式为"标题和内容"的幻灯片。

（2）幻灯片母版应用。单击"视图"选项卡下"母版视图"组中的"幻灯片母版"，如图 5—8 所示，进入幻灯片母版设计界面；选中标题，在"开始"选项卡中设置字体为"华文新魏"，字号为"44"，带阴影；再切换至"绘图工具"下的"格式"选项卡，单击"艺术字样式"组中的"文本轮廓"按钮，选择"红色"，单击"艺术字样式"组中的"文本填充"按钮，选择"褐色，强调文字颜色 5，淡出 40%"，选择"文本效果"中的"发光"，选择"红色，8 pt 发光，强调文字颜色 3"。如图 5—9 所示。

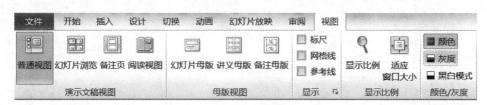

图 5—8 母版视图

（3）单击标题占位符，输入"华为——更美好的全联接世界"，并居中；输入内容文本。如图 5—10 所示。

（4）将文本框中的内容转换为 SmartArt 图形。选中文本框的内容后单击右键，在弹出的快捷菜单中选择"转换为 SmartArt"，选择"垂直项目符号列表"，转换后的效果如图 5—11 所示。

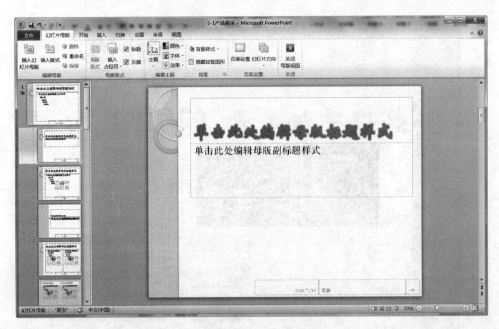

图 5—9 幻灯片母版

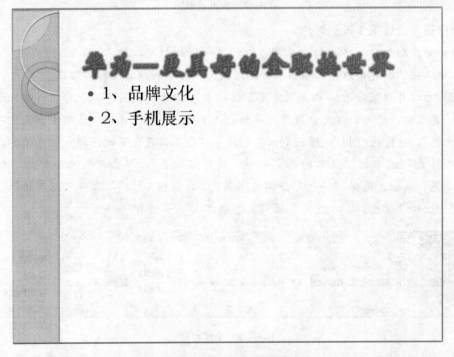

图 5—10 第 2 张幻灯片文本内容

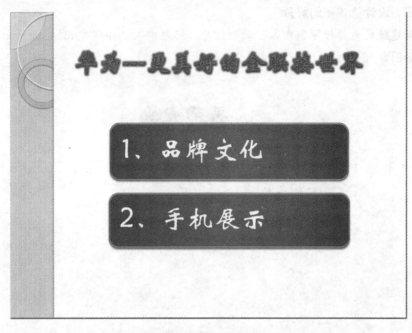

图 5—11   第 2 张幻灯片转换为 SmartArt 后效果

知识详解

　　幻灯片母版是存储关于模板信息的设计模板的一个元素，这些模板信息包括字形、占位符大小、位置、背景设计和配色方案。PowerPoint 2010 演示文稿中的每一个关键组件都拥有一个母版，如幻灯片、备注和讲义。

　　母版是一类特殊的幻灯片，幻灯片母版控制了某些文本特征，如字体、字号、字型和文本的颜色，还控制了背景色和某些特殊效果，如阴影和项目符号样式，包含在母版中的图形及文字将会出现在每一张幻灯片及备注中。因此，如果在一个演示文稿中使用幻灯片母版的功能，就可以做到整个演示文稿的格式统一，可以减少工作量，提高工作效率。使用母版功能可以更改以下几方面的设置：

　　（1）标题、正文和页脚文本的字形；

　　（2）文本和对象的占位符位置；

　　（3）项目符号样式；

　　（4）背景设计和配色方案。

步骤四　设计第 3 张幻灯片

（1）新建版式为"标题和内容"的幻灯片，标题输入"品牌文化"，并居中；输入内容文本。如图 5—12 所示。

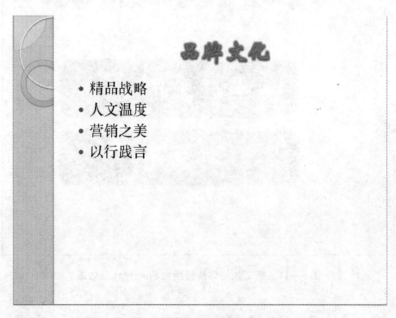

图 5—12　第 3 张幻灯片文本内容

（2）将文本框中的内容转换为 SmartArt 图形。选中文本框的内容后单击右键，在弹出的快捷菜单中选择"转换为 SmartArt"，选择"基本矩阵"，转换后的效果如图 5—13 所示。

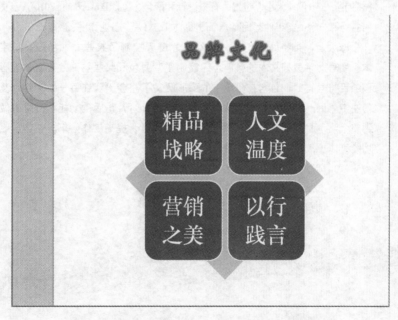

图 5—13　第 3 张幻灯片转换为 SmartArt 后效果

知识详解

　　新增的 SmartArt 图形主要是用来为幻灯片内容添加图解。以一个简单的列表为例，可以使用形状和颜色构成图形，从而使列表变得更加生动，直观地显示流程、概念、层次结构和关系。PowerPoint 2010 提供的 SmartArt 图形库主要包括列表图、流程图、循环图、层次结构图、关系图、矩阵图和棱锥图。

步骤五　设计第 4 张幻灯片

（1）新建版式为"标题和内容"的幻灯片，标题输入"手机展示"，并居中；输入内容文本"荣耀系列（中低端）"，默认字体。

（2）单击"插入"选项卡下的图片按钮，打开"插入图片"对话框，选择图片插入。

（3）插入文本框。在幻灯片的适当位置单击"插入"选项卡下"文本"组中的"文本框"按钮，根据需要添加横排或竖排文本框，输入文字"畅玩 5X"，设置字号为"28"，字体为"华文新魏"，颜色为"深蓝色"。同样方法插入文字"荣耀 7"。制作完成后的效果如图 5—14 所示。

图 5—14　第 4 张幻灯片效果图

步骤六　设计第 5、6 张幻灯片

（1）新建版式为"标题和内容"的幻灯片，标题输入"手机展示"，并居中；输入内容文本"华为 HUAWEI 系列（中高端）"，默认字体。

（2）单击"插入"选项卡下的"图片"按钮，打开"插入图片"对话框，选择图片插入。

（3）插入表格。在幻灯片的适当位置单击"插入"选项卡下的"表格"按钮，根据需要插入8行2列的表格，并输入内容。制作完成后的效果如图5—15所示。

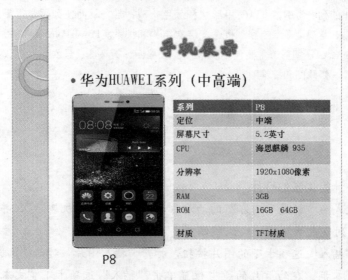

图 5—15　第 5 张幻灯片效果图

（4）用同样的方法创建第 6 张幻灯片，或者复制第 5 张幻灯片做适当修改。制作完成后的效果如图5—16所示。

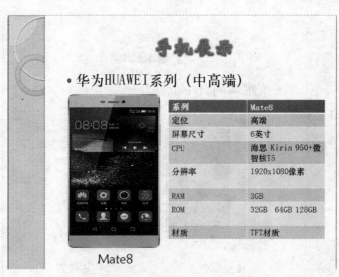

图 5—16　第 6 张幻灯片效果图

步骤七　插入幻灯片编号

（1）选择"插入"选项卡，单击"文本"组中的"幻灯片编号"，弹出"页眉和页脚"对话框。

（2）根据需要设置"幻灯片"选项卡中的各个项目：日期和时间、幻灯片编号、页脚、标题幻灯片中不显示。勾选"幻灯片编号"和"标题幻灯片中不显示"，并单击"全部应用"按钮，如图5—17所示。

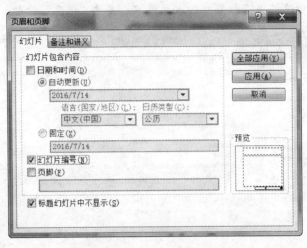

图5—17　"页眉和页脚"对话框

步骤八　改变幻灯片的背景

有时候需要改变某些幻灯片的背景，以满足设计需求。

（1）选中要改变背景的幻灯片，单击鼠标右键，选择快捷菜单中的"设置背景格式"选项，或者选择"设计"选项卡下"背景"组中的"背景样式"按钮，点开选择"设置背景格式"，弹出"设置背景格式"对话框，如图5—18所示。

（2）根据需求，可选择"纯色填充"、"渐变填充"、"图片或纹理填充"、"图案填充"等。单击"关闭"按钮，应用于所选幻灯片；单击"全部应用"按钮，应用于所有幻灯片。

图5—18　"设置背景格式"对话框

步骤九　保存演示文稿

（1）单击快速访问工具栏中的"保存"按钮，或者选择"文件"选项卡中的"保存"命令，打开"另存为"对话框。

（2）在对话框中选择保存位置，输入文件名，单击"保存"按钮，如图5—19所示。

图5—19　"另存为"对话框

 **任务小结**

本任务主要介绍了演示文稿的静态制作，包括演示文稿和幻灯片的基础操作，在幻灯片中插入和编辑文本、图表、表格、形状、艺术字、图片、SmartArt 图形等对象的方法，设置主题和版式，设置页眉和页脚，母版的作用及设置母版等。

任务2　产品展示演示文稿的动态效果实现
——幻灯片动态制作

任务描述

经过前期演示文稿的静态制作，演示文稿所需元素均已具备，但静态的东西不免让人疲累，怎样使演示文稿的效果更有活力呢？为此小范对演示文稿进行了改进、完善，实现了演示文稿的动态效果。

任务准备

- 设置自定义动画
- 设置幻灯片的切换
- 设置超链接
- 插入声音和视频

任务实施

一、 设置动画

幻灯片中的文本、图片、形状、表格、SmartArt 图形和其他对象都可以设置动画，通过进入、退出、大小、移动或颜色变化等视觉效果吸引观众。

步骤一 为第 1 张幻灯片设置动画

(1) 选择主标题，在"动画"选项卡的"动画"组中，选择"缩放"效果，如图 5—20 所示。单击"预览"按钮可预览动画效果。

(2) 选择第 1 张图片，在"动画"选项卡的"动画"组中，选择"擦除"效果，在"效果选项"下拉列表中选择"自左侧"选项，单击"开始"选项的下拉按钮，选择"上一动画之后"选项，如图 5—21 所示。

(3) 选择第 2 张图片，在"动画"选项卡的"动画"组中，选择"擦除"效果，在"效果选项"下拉列表中选择"自右侧"选项，单击"开始"选项的下拉按钮，选择"上一动画之后"选项。

图 5—20 主标题动画设置

图 5—21 图片动画设置

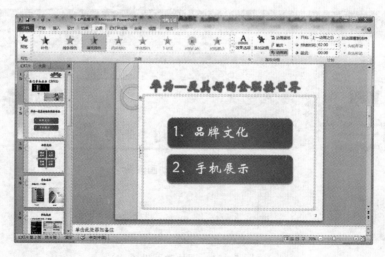

知识详解

动画的四类方案介绍：

●进入动画：是指原来放映页面上没有的文本或其他对象，以设置的动画效果进入放映页面，是一个从无到有的过程。

●强调动画：是指原来放映页面上已经存在的文本或其他对象，以设置的动画效果继续显示在放映页面，是一个从有到播放动画后继续存在的过程。

●退出动画：是指原来放映页面上存在的文本或其他对象，以设置的动画效果播放后，退出放映页面，是一个从有到无的过程。

●动作路径动画：又称为路径动画，是指页面上已经存在的文本或其他对象，按照设置的移动路径来播放的过程。设置动作路径的对象，播放后显示在路径的终点，仍然存在于放映页面。

步骤二　为其他幻灯片设置动画

使用同样的方法，为其他幻灯片设置动画。

（1）为第2张幻灯片中的SmartArt图形设置"强调"组中的填充颜色效果，上一动画之后。

（2）使用动画刷复制动画。选中第2张幻灯片中的SmartArt图形，单击"高级动画"组中的"动画刷"按钮，再单击第3张幻灯片中的SmartArt图形，即复制完成，如图5—22所示。

图5—22　动画刷

（3）选中第 4 张幻灯片中的左侧图片和下面对应文字，设置"飞入"效果，自左侧，上一动画之后，持续时间为 1 秒；选中右侧图片和下面对应文字，设置"飞入"效果，自右侧，上一动画之后，持续时间为 1 秒。

（4）选中第 5 张幻灯片中的左侧图片和下面对应文字，为它们设置"轮子"效果，上一动画之后；选中右侧表格，设置"曲线向上"效果，上一动画之后，该动画效果在"更改进入效果"对话框里，如图 5—23 所示。

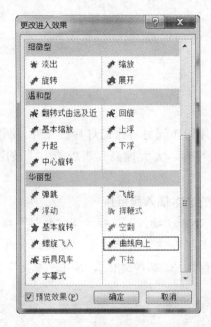

图 5—23 "更改进入效果"对话框

（5）用同样方法设置第 6 张幻灯片，或者使用动画刷复制动画。

（6）如果需要为多媒体元素设置更多动画选项，则单击"动画"选项卡下的"显示其他动画选项"按钮，弹出如图 5—24 所示的对话框。

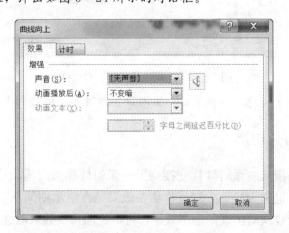

图 5—24 "曲线向上"对话框

知识详解

PowerPoint 2010 中新增了一个"动画刷"工具，功能有点类似于以前我们知道的格式刷，但是动画刷主要用于动画格式的复制应用，我们可以利用它快速设置动画效果。

二、 插入超链接

超链接是指从当前幻灯片切换到另一张幻灯片、文件、网页等的链接。通过超链接可以使演示文稿具有人机交互性，大大提高其表现能力，被广泛应用于教学、报告会、产品演示等方面。

步骤 为第 2 张幻灯片的文本插入超链接

（1）选中"品牌文化"，单击"插入"选项卡下"链接"组中的"超链接"按钮，弹出"编辑超链接"对话框，如图 5—25 所示。在"链接到"选项组中选择"本文档中的位置"，选择要链接到的幻灯片"3. 品牌文化"，单击"确定"按钮。

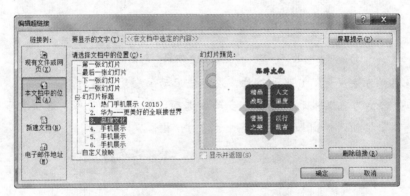

图 5—25 "编辑超链接"对话框

（2）使用同样的方法为"手机展示"文本设置超链接，链接到第 4 张幻灯片。

三、 设置幻灯片切换

幻灯片的切换是指从一张幻灯片变换到另一张幻灯片的过程，是向幻灯片添加视觉效果的另一种方式，也称为换页。幻灯片切换效果是在演示期间从一张幻灯片移到下一张幻灯片时在幻灯片放映时出现的动画效果，可以控制切换效果的速度、添加声音等。

步骤 为所有幻灯片设置切换效果

（1）选中任意一张幻灯片，选择"切换"选项卡，单击"切换到此幻灯片"组中的

"其他"按钮，选择"细微型"组中的"分割"效果，如图 5—26 所示。

（2）单击"计时"组的"全部应用"按钮，并勾选"设置自动换片时间"，设置 6 秒，如图 5—27 所示。

图 5—26 幻灯片切换效果

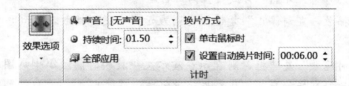

图 5—27 切换效果选项

四、 插入声音和视频

步骤 添加背景音乐

为演示文稿配上声音，可以大大增强演示文稿的播放效果，操作步骤如下：

（1）单击"插入"选项卡，选择"媒体"组中的"音频"，选择"文件中的音频"命令，打开"插入音频"对话框，如图 5—28 所示。

图 5—28 "插入音频"对话框

（2）定位到需要插入的声音文件所在的文件夹，选中相应的声音文件，然后按下"确定"按钮，即可将声音文件插入当前幻灯片中。（演示文稿支持 mp3、wma、wav、mid 等格式的声音文件。）

（3）声音属性的设置：选中声音图标，在"音频工具"的"播放"选项卡下"音频选项"组中设置音频效果，如图 5—29 所示。

图 5—29　音频效果设置

在"开始"下拉列表中设置音频开始播放的方式，本例选择"跨幻灯片播放"选项，该音频作为背景音乐一直播放到幻灯片结束。若只是希望音频文件自动播放，且只在当前幻灯片播放，则可将"开始"方式设置为"自动"。

选中"循环播放，直到停止"复选框，则表示声音循环播放，直到该演示文稿放映结束。

选中"放映时隐藏"复选框，则表示在演示文稿放映时隐藏小喇叭图标（也可以直接将小喇叭图标拖动到幻灯片外，从而隐藏该图标）。

（4）音频文件的编辑：选中声音图标，在"音频工具"的"播放"选项卡下"编辑"组中可以对音频文件进行剪辑或设置淡化效果。

注意：若声音文件小于 100 KB，则将被包含在演示文稿中；如果大于 100 KB，就被作为链接文件处理。

知识详解

为了增强演示效果，有时候根据实际需求需要插入视频，在 Power-Point 2010 中插入视频方法与插入音频类似。所准备的视频格式最好不要是 rmvb，建议使用 PowerPoint 里直接支持的视频格式，包括 avi、mpg、wmv、asf 等。

任务小结

本任务主要介绍了演示文稿的动态制作，包括设置动画效果、插入超链接并进行编辑、设置幻灯片的切换效果、插入声频和视频操作等。

产品展示演示文稿的放映

任务描述

演示文稿制作完成后，开始放映幻灯片。小范根据实际需要设置了放映方式，使得演示文稿的放映达到最好的效果。

任务准备

- 设置幻灯片的放映
- 录制旁白和排练计时
- 显示、隐藏幻灯片
- 修改演示文稿的类型
- 打印演示文稿

任务实施

一、 设置幻灯片的放映

1. 启动幻灯片放映

（1）"幻灯片放映"选项卡下"开始放映幻灯片"组中有四种放映命令按钮，如图5—30所示：

1）从头开始：从第一张幻灯片开始放映。

2）从当前幻灯片开始：从当前选定的幻灯片开始放映。

3）广播幻灯片：向可以在 Web 浏览器中观看的远程观众广播幻灯片放映。

4）自定义幻灯片放映：将演示文稿中的某些幻灯片组成一个放映集，放映时只播放这些幻灯片。

（2）单击状态栏上的"幻灯片放映"视图按钮或者按"Shift＋F5"键，从当前幻灯片开始放映；按"F5"键从头放映。

图 5—30 "开始放映幻灯片"组

（3）某些幻灯片根据需求需要隐藏，具体操作是：选中要隐藏的幻灯片，单击鼠标右键选择"隐藏幻灯片"，或者单击"幻灯片放映"选项卡下"设置"组中的"隐藏幻灯片"。

2. 设置放映方式

通过"设置放映方式"对话框，可以设置幻灯片的放映类型、换片方式、放映选项、放映幻灯片页数等参数。设置放映方式的方法如下：单击"幻灯片放映"选项卡下"设置"组的"设置幻灯片放映"按钮，出现"设置放映方式"对话框，如图 5—31 所示。在"放映类型"区域中，可以按照在不同场合放映演示文稿的需要，在 3 种方式中选择一种：

（1）演讲者放映（全屏幕）；

（2）观众自行浏览（窗口）；

（3）在展台浏览（全屏幕）。

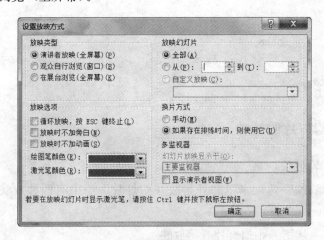

图 5—31 "设置放映方式"对话框

3. 自定义放映

演示文稿在放映时往往因为时长和对象的不同需要进行调整，包括次序和内容，通过以往的"复制"—"粘贴"新的演示文稿虽然可以达到目的，但耗费精力和时间。PowerPoint 中有一个自定义放映功能，可以根据不同的时长和对象调整出很多不同的放映模式。

（1）选择"幻灯片放映"选项卡下"开始放映幻灯片"组中的"自定义幻灯片放映"，单击"自定义放映"。如图 5—32 所示。

图 5—32　选择自定义放映

（2）弹出"自定义放映"对话框，如图 5—33 所示，单击"新建"按钮。

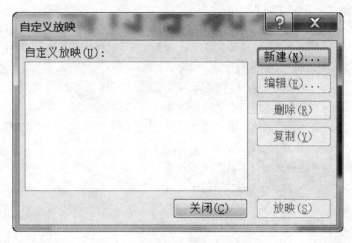

图 5—33　"自定义放映"对话框

（3）弹出"定义自定义放映"对话框，在"幻灯片放映名称"里输入"自定义放映 1"，并添加所有幻灯片，单击"确定"按钮。根据需要也可选择需要的幻灯片，如图 5—34 所示。

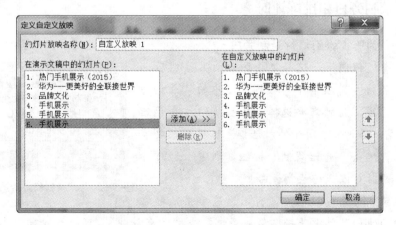

图 5—34　"定义自定义放映"对话框

（4）播放自定义放映。选择"幻灯片放映"选项卡下"开始放映幻灯片"组中的"自定义幻灯片放映"，单击"自定义放映"，如图5—35所示。

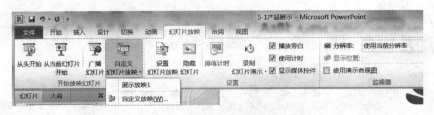

图5—35　"自定义幻灯片放映"选项

知识详解

三种放映方式分别应用于不同的场合：

● 演讲者放映：此选项是默认的放映方式。在这种放映方式下，幻灯片全屏放映，放映者有完全的控制权。例如可以控制放映停留的时间、暂停演示文稿放映，可以选择自动方式或人工方式放映等。

● 观众自行放映：在这种放映方式下，幻灯片从窗口放映，并提供滚动条和"浏览"菜单，由观众选择要看的幻灯片。在放映时可以使用工具栏或菜单移动、复制、编辑、打印幻灯片。

● 在展台放映：在这种放映方式下，幻灯片全屏放映。每次放映完毕后，自动反复，循环放映。除了鼠标指针外，其余菜单和工具栏的功能全部失效，终止放映要按"Esc"键。观众无法对放映进行干预，也无法修改演示文稿，适合于无人管理的展台放映。

二、录制旁白和排练计时

步骤一　为第1张幻灯片录制旁白

（1）在普通视图下，选择第1张幻灯片，然后选择"幻灯片放映"选项卡下"设置"组中的"录制幻灯片演示"选项，此时需要选择"从当前幻灯片开始录制"，出现如图5—36所示的对话框。选择好想要录制的内容后，单击"开始录制"按钮，则进入幻灯片放映方式，此时可以开始录制旁白。

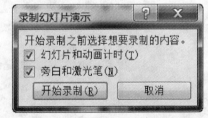

图5—36　"录制幻灯片演示"对话框

（2）在录制旁白的过程中，可以通过单击鼠标右键，在弹出的快捷菜单中选择"暂停录制"或"结束放映"，可以暂停或退出录制状态，如图 5—37 所示。

（3）退出后视图状态变化为幻灯片视图。

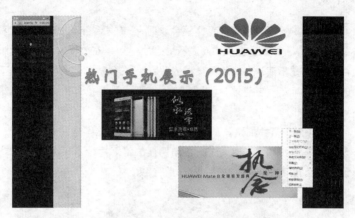

图 5—37　录制过程和结束

步骤二　为整个演示文稿排练计时

（1）选择"幻灯片放映"选项卡下"设置"组中的"排练计时"选项，进入幻灯片播放并计时状态，计时窗口如图 5—38 所示。到第 6 张幻灯片播放结束后，根据之前的设置，此时结束放映，并出现如图 5—39 所示的对话框。

图 5—38　排练计时

图 5—39　排练计时结束

（2）单击"是"按钮，出现如图 5—40 所示的效果图。

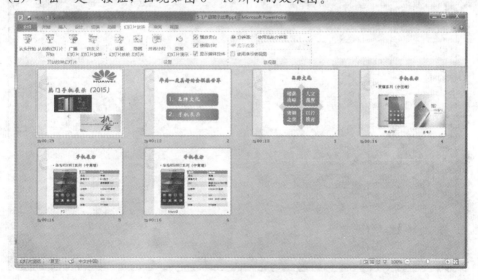

图 5—40　排练计时的效果图

知识详解

当演讲人不能出席演示文稿会议时，或需要自动放映演示文稿时，或其他人从互联网上直接访问演示文稿时，可以在放映演示文稿时添加旁白。旁白是指演讲者对演示文稿的解释，在播放幻灯片的过程中可以同时播放的声音。要想录制和收听旁白，要求计算机有声卡、扬声器和麦克风。

如果对幻灯片的整体放映时间难以把握，或者是有旁白幻灯片的放映，或者是每隔多长时间进行自动切换的幻灯片，采用排练计时功能来设置演示文稿的自动放映时间就非常有用。

三、 演示文稿类型的修改

有时我们需要把幻灯片拿到其他计算机上运行或者是把我们的作品刻录成 CD 保存起来，还有时我们希望自己的 PPT 以 PDF 格式保存，这时我们可以使用"文件类型"功能。

步骤一 把演示文稿转换为 PDF 格式的文档

（1）首先选择"文件"选项卡下的"保存并发送"选项，即可看到如图 5—41 所示的"文件类型"。

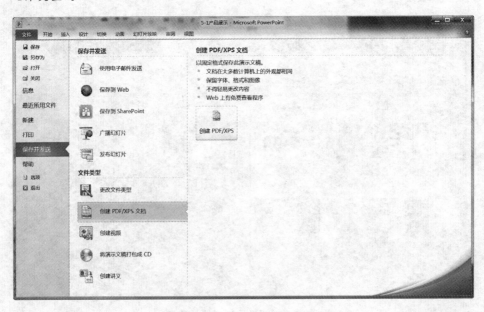

图 5—41 文件类型修改

（2）在"文件类型"中选择"创建 PDF/XPS 文档"，弹出"发布为 PDF 或 XPS"对话框，如图 5—42 所示。单击"发布"按钮可以创建 PDF 格式的文件，创建结束后在指定路径下保存为 **5-1产品展示.pdf** 图标。

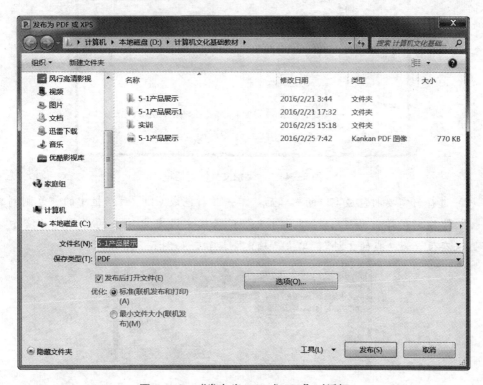

图 5—42　"发布为 PDF 或 XPS"对话框

步骤二　把演示文稿打包成 CD

（1）在"文件类型"中选择"打包成 CD"，弹出"打包成 CD"对话框，如图 5—43 所示。此时可以给 CD 重新命名，同时可以设置要复制的文件，单击"添加 ..."命令按钮，打开"添加文件"对话框，从中选择要一起包含进 CD 的幻灯片文件，如图 5—44 所示。

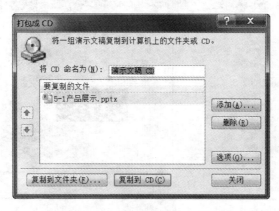

图 5—43　"打包成 CD"对话框

图 5—44　"添加文件"对话框

（2）选择好需要打包成 CD 的内容后，单击"打包成 CD"对话框中的"复制到文件夹..."按钮，在弹出的"复制到文件夹"对话框中设定文件夹的名称为"演示文稿CD"，保存位置为"我的文档"，单击"确定"按钮，如图 5—45 所示。

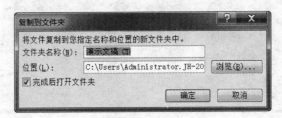

图 5—45　"复制到文件夹"对话框

四、打印演示文稿

选择"文件"选项卡下的"打印"选项，设置相关打印选项，单击"打印"按钮即可，如图 5—46 所示。

图 5—46　打印演示文稿

任务小结

本任务主要介绍了演示文稿的放映设置，包括启动演示文稿放映、设置演示文稿放映、排练计时和录制旁白、修改演示文稿文件类型（如打包成 CD）、打印演示文稿等。

任务4
高级动画

任务描述

从事商业营销、项目管理、管理咨询、企业内训等职业的国家机关、企事业单位的职场人士，经常需要使用 PowerPoint 向领导和客户汇报展示。PowerPoint 中的高级动画制作能够让演示文稿更具有吸引力，有助于在激烈的职场和商业竞争中脱颖而出。

任务准备

- 设置动作路径
- 多种动画效果的融合设置

任务实施

一、卷轴动画（动作路径）

步骤一　创建静态效果

（1）创建新的演示文稿，设置第一张幻灯片的版式为"空白"，背景为黑色。

（2）制作画轴。在幻灯片上插入一个矩形，调整到适当大小，设置填充色为"橙色，强调文字颜色 6，深色 50%"；再插入一个矩形，调整到适当大小，设置填充色为"橙色"；合并两个矩形，并编辑文字。效果如图 5—47 所示。

（3）制作卷轴。在幻灯片上插入一个矩形，调整到适当大小，设置填充色为"橄榄色，强调文字颜色 3，深色 25%"；插入一个矩形，调整到适当大小，设置填充色为"蓝

图 5—47 画轴效果图

色，强调文字颜色 1，深色 40％"；插入一个矩形，调整到适当大小，设置填充色为"蓝色，强调文字颜色 1，深色 25％"；合并三个矩形，同时进行复制操作，实现卷轴的复制。效果如图 5—48 所示。

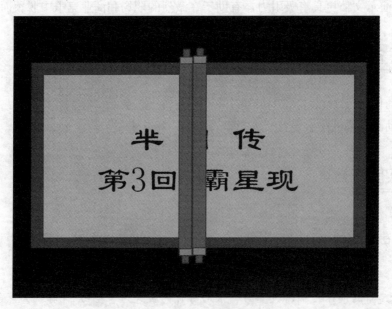

图 5—48 卷轴效果图

步骤二 创建动态效果

（1）设置画轴动画。选中画轴，设置"劈裂"效果，从中央向左右展开，计时设置为与上一动画同时，持续时间设置为 1 秒。

（2）设置卷轴动画。选中左边卷轴，设置动作路径为"直线"，效果选项选择"靠左",设置适当的移动长度,计时设置为与上一动画同时,持续时间设置为1秒。用同样方法设置右边的卷轴。效果如图5—49所示。

(3)画轴和卷轴要实现视觉上的同步,需设置卷轴路径的平滑开始和平滑结束均为0秒,如图5—50所示。

图 5—49　卷轴动画设置

图 5—50　卷轴路径的"向左效果选项"对话框

二、电影胶片

步骤一　创建静态效果

(1)创建新的演示文稿,设置第一张幻灯片的版式为"空白",背景为"编织物"。

（2）插入艺术字"青春电影赏析"，根据需要设置效果。

（3）制作胶片。在幻灯片上插入一个矩形，调整到适当大小，设置填充色为"黑色"；再插入若干矩形，调整到适当大小，设置填充色为"白色"。组合所有矩形，效果如图5—51所示。

图5—51　胶片效果图

（4）插入图片，调整到适当大小，进行组合，如图5—52所示。

图5—52　插入图片

（5）复制图片，再进行组合，如图 5—53 所示。

图 5—53　复制与组合后效果

步骤二　创建动态效果

（1）设置图片动画。选中图片，设置动作路径为"直线"，效果选项选择"右"，设置移动长度红色到最右端，计时设置为与上一动画同时，持续时间设置为 2 秒。

（2）单击"显示其他效果选项"按钮，打开"向右效果选项"对话框。在"效果"选项卡设置路径的平滑开始和平滑结束均为 0 秒，如图 5—54 所示；在"计时"选项卡设置重复为"直到幻灯片末尾"，如图 5—55 所示。

图 5—54　"向右效果选项"对话框的"效果"选项卡

（3）单击"确定"按钮，设置效果如图 5—56 所示。

图 5—55　"向右效果选项"对话框的"计时"选项卡

图 5—56　动画设置效果图

三、飘落的树叶

（1）准备图片。在制作开始之前，需要准备一片叶子的图片，最好找一个树叶的 PNG 格式的图片。

（2）插入图片，设置动画效果。选中图片，设置动作路径为"自定义路径"。画一条从左上侧到右边的曲线，计时设置为与上一动画同时，持续时间设置为 3 秒，延迟时间设置为 0.5 秒。

（3）让继续前进的叶子转动起来。单击"添加效果"，选择"强调"组中的"陀螺旋"，计时设置为与上一动画同时，持续时间设置为 2.5 秒。

（4）设置旋转效果。单击"添加效果"，选择"进入"组中的"旋转"，计时设置为与上一动画同时，持续时间设置为 2.5 秒。

（5）设置幻灯片背景为预设下的"茵茵绿原"。制作完成后的效果如图5—57所示。

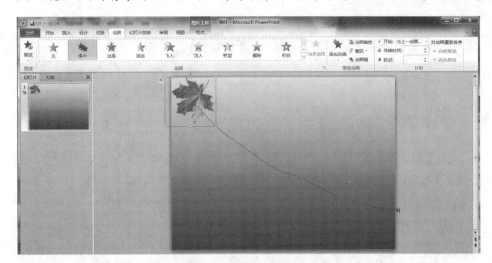

图 5—57　树叶飘落效果图

任务小结

本任务主要通过卷轴动画、电影胶片和飘落的树叶三个实例介绍了 PowerPoint 的高级动画制作技巧。高级动画效果很多时候需要利用动作路径、添加多种动画效果及达到多种动画效果的融合来实现。运用好高级动画制作的技巧，可以帮助我们创建出更加炫酷的演示文稿。

项目小结

本项目主要介绍了演示文稿和幻灯片的基本操作，包括：在幻灯片中编辑文本、图表、表格、形状、艺术字、SmartArt 图形及多媒体对象（音频和视频）的方法；设置主题和版式；利用母版统一幻灯片风格；设置对象动画效果，创建超链接和设置幻灯片切换效果；设置幻灯片放映，修改演示文稿的格式及打印演示文稿等内容。

通过本项目的学习，同学们可以加深对 PowerPoint 2010 的了解，掌握演示文稿的创建和设计。同学们可以通过进行母版设计，制作具有统一风格的演示文稿；通过幻灯片静态制作，制作出内容丰富、界面美观的演示文稿；通过添加动画效果，增强演示文稿的欣赏性和趣味性；通过设置不同放映方式，满足不同观众和场合的需求；通过修改演示文稿类型，满足不同文件类型的要求。

思考与练习

一、 选择题

1. 下列视图中不属于 PowerPoint 2010 视图的是____。
   A. 幻灯片视图　　　　　　　　　　B. 页面视图
   C. 大纲视图　　　　　　　　　　　D. 备注页视图

2. 要对幻灯片母版进行设计和修改时，应在____选项卡中操作。
   A. 设计　　　　　B. 审阅　　　　　C. 插入　　　　　D. 视图

3. 在 PowerPoint 2010 的幻灯片浏览视图下，不能完成的操作是____。
   A. 调整个别幻灯片位置　　　　　　B. 删除个别幻灯片
   C. 编辑个别幻灯片内容　　　　　　D. 复制个别幻灯片

4. 从当前幻灯片开始放映幻灯片的快捷键是____。
   A. Shift ＋ F5　　　　　　　　　　B. Shift ＋ F4
   C. Shift ＋ F3　　　　　　　　　　D. Shift ＋ F2

5. PowerPoint 2010 中，在浏览视图下，按住 "Ctrl" 键并拖动某幻灯片，可以完成的操作是____。
   A. 移动幻灯片　　　　　　　　　　B. 复制幻灯片
   C. 删除幻灯片　　　　　　　　　　D. 选定幻灯片

6. 如要终止幻灯片的放映，可直接按键____。
   A. Ctrl＋C　　　　　　　　　　　B. Esc
   C. End　　　　　　　　　　　　　D. Alt＋F4

7. PowerPoint 2010 中，有关幻灯片母版的说法中错误的是____。
   A. 只有标题区、对象区、日期区、页脚区
   B. 可以更改占位符的大小和位置
   C. 可以设置占位符的格式
   D. 可以更改文本格式

8. 演示文稿与幻灯片的关系是____。
   A. 演示文稿和幻灯片是同一个对象　　B. 幻灯片由若干个演示文稿组成
   C. 演示文稿由若干个幻灯片组成　　　D. 演示文稿和幻灯片没有联系

9. 一个 PowerPoint 2010 演示文稿是由若干个____组成的。
   A. 幻灯片　　　　　　　　　　　　B. 图片和工作表
   C. Office 文档和动画　　　　　　　D. 电子邮件

10. PowerPoint 2010 的超链接可以使幻灯片播放时自由跳转到____。
    A. 某个 Web 页面　　　　　　　　　　 B. 演示文稿中某一指定的幻灯片
    C. 某个 Office 文档或文件　　　　　　　 D. 以上都可以

11. PowerPoint 2010 中，有关幻灯片母版中的页眉、页脚，下列说法中错误的是____。
    A. 页眉或页脚是加在演示文稿中的注释性内容
    B. 典型的页眉、页脚内容是日期、时间以及幻灯片编号
    C. 在打印演示文稿的幻灯片时，页眉、页脚的内容也可打印出来
    D. 不能设置页眉和页脚的文本格式

12. PowerPoint 2010 制作的演示文稿文件扩展名是____。
    A. .pptx　　　　　 B. .xls　　　　　 C. .fpt　　　　　 D. .docx

13. 在 PowerPoint 2010 中，对于已创建的多媒体演示文档可以用命令____转移到其他未安装 PowerPoint 2010 的机器上放映。
    A. 文件/打包　　　　　　　　　　　　 B. 文件/发送
    C. 复制　　　　　　　　　　　　　　　 D. 幻灯片放映/设置幻灯片放映

14. 要设置幻灯片的切换效果以及切换方式时，应在____选项卡中操作。
    A. 开始　　　　　　　　　　　　　　　 B. 设计
    C. 切换　　　　　　　　　　　　　　　 D. 动画

15. 要对幻灯片进行保存、打开、新建、打印等操作时，应在____选项卡中操作。
    A. 文件　　　　　　　　　　　　　　　 B. 开始
    C. 设计　　　　　　　　　　　　　　　 D. 审阅

二、 简答题

1. 如何更改所有幻灯片为一个主题？如何更改当前幻灯片的主题？
2. 幻灯片母版的作用是什么？描述修改幻灯片母版的方法。
3. 描述在幻灯片中插入 SmartArt 图形的方法。
4. 描述自定义幻灯片放映的步骤。
5. 描述在幻灯片中插入超链接的步骤。
6. 为什么有时候要进行演示文稿类型的修改？如何进行转换？

三、 实训任务

实训 1：制作"智慧地球"演示文稿

按照以下要求创建演示文稿：

（1）第 1 张幻灯片版式为"标题幻灯片"，第 2、3 张幻灯片版式为"标题和内容"，第 4、5 张幻灯片版式为"标题、文本与内容"，第 6 张幻灯片版式为"空白"。幻灯片中的内容按照效果图 5—58 所示输入。

（2）第 1 张幻灯片的主标题"智慧地球"，文字格式设置为"60 磅，加粗，宋体，颜色为 RGB（153，0，51）"，动画进入效果为"螺旋飞入"，动画文本为"按字母"；副标题"Smarter Planet"动画进入效果为"切入"，动画文本为"按字母"。

（3）为每一张幻灯片设置不同的背景图片（素材提供）。

（4）用"穿越"主题来修饰演示文稿。

（5）设置所有幻灯片的切换效果为"溶解"。

（6）设置非标题幻灯片的页眉和页脚为"自动更新日期和时间、幻灯片编号"，页脚内容为"IBM 智慧地球"。

（7）在第 4 张幻灯片的右下角添加"后退"动作按钮。

（8）实训效果如图 5—58 所示。

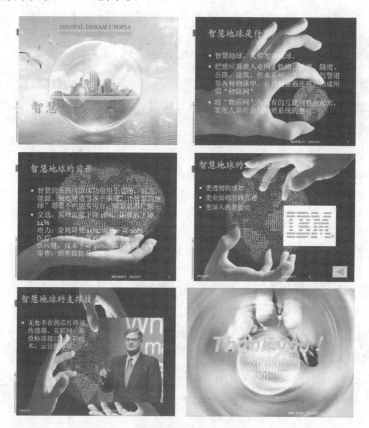

图 5—58　"智慧地球"演示文稿效果图

实训 2：制作"十面霾伏"演示文稿

按照以下要求创建演示文稿：

（1）第 1 张幻灯片版式为"标题幻灯片"，第 2、3、4 张幻灯片版式为"标题和内容"，第 5 张幻灯片版式为"仅标题"，第 6 张幻灯片版式为"空白"。幻灯片中的内容按照效果图 5—59 所示输入，字体格式可自由设置。

（2）用"主管人员"主题来修饰演示文稿。

（3）设置第 1 张幻灯片的背景填充效果为预设颜色"茵茵绿原"，底纹式样为"线性向下"。

（4）设置第 2 张幻灯片中的文字动画进入效果为"圆形扩展"，上一动画之后，声音为"打字机"。

（5）设置所有幻灯片的切换效果为"自左侧推进"。

（6）设置非标题幻灯片的页眉和页脚为"自动更新日期和时间、幻灯片编号"，页脚内容为"十面霾伏"。

（7）在最后一张幻灯片右下角的邮箱图片上定义指向"wmzx@163.com"的超链接。

（8）设置演示文稿的页面大小为"35 幻灯片"，建立名为"偶数放映"的自定义放映，并设置放映偶数编号的幻灯片。

（9）实训效果如图 5—59 所示。

图 5—59　"十面霾伏"演示文稿效果图

实训 3：制作"建设方案"演示文稿

按照以下要求创建演示文稿：

（1）根据效果图 5—60 所示演示文稿的内容，进行静态制作和动态制作（各种对象

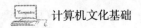

添加、动画设置等，可自由设置）。

（2）根据内容需要，录制旁白和排练计时。

（3）设置幻灯片的放映方式，类型为"在展台浏览"，换片方式为"如果存在排练时间，则使用它"。

（4）将该演示文稿打包成 CD。

（5）实训效果如图 5—60 所示。

图 5—60　"建设方案"演示文稿效果图

项目六

Access 2010 数据库应用基础

Access 2010 提供了表生成器、查询生成器、宏生成器、报表设计器等许多可视化的操作工具，以及数据库向导、表向导、查询向导、窗体向导、报表向导等多种向导，可以使用户很方便地构建一个功能完善的数据库系统。Access 还为开发者提供了 Visual Basic for Application（VBA）编程功能，使高级用户可以开发功能更加完善的数据库系统。

任务1 创建学生管理数据库

任务描述

小王是班长，要对班级全体成员的信息和成绩等方面情况进行管理，需要用 Access 程序创建一个"班级管理"数据库来进行管理。

任务准备

- Access 2010 的工作界面和基础操作
- 数据库的创建和保存

任务实施

一、Access 2010 的基础操作

1. 启动 Access 2010

选择"开始"→"所有程序"→"Microsoft Office"→"Microsoft Office Access 2010"选项。

双击桌面快捷方式图标，也可以启动 Access 2010。

默认情况下，启动 Access 2010，系统将出现以下界面，如图 6—1 所示。

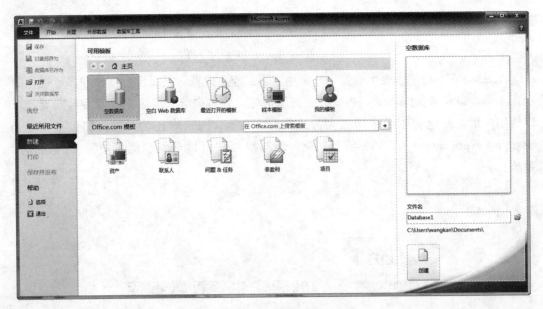

图 6—1　Access 2010 启动界面

2. 退出 Access 2010

（1）单击文件菜单下的"退出"按钮。

（2）双击窗口左上角的 ▲图标。

（3）单击窗口左上角的 ▲图标，在出现的下拉菜单中选择"关闭"按钮。

（4）按"Alt＋Space"组合键，在弹出的快捷菜单中选择"关闭"按钮。

（5）单击标题栏右上角的"关闭"按钮。

（6）在任务栏中的 Access 2010 程序按钮上右击，在弹出的快捷菜单中选择"关闭"命令。

二、 创建 "班级管理" 数据库

（1）在 E 盘创建一个名为"班级管理系统"的文件夹，用于存放将要创建的数据库。然后在 Access 2010 启动窗口中，单击"空数据库"图标按钮。通常情况下，系统的默认设置就是选中"空数据库"，如图 6—1 所示。

（2）在 Access 2010 启动窗口的右侧窗格中，系统在"文件名"文本框中会给出一个默认的数据库名"Database1.accdb"。此时我们可以根据要求进行修改，修改为"班级管理"。

（3）单击右侧窗格中"文件名"文本框右面的"打开"按钮 ，打开"文件新建数据库"对话框，在该对话框中，选择数据库的保存位置，这里选择的是"E：\班级管理系统"，然后单击"打开"命令按钮。

（4）选定"班级管理系统"文件夹，再单击"确定"按钮。

（5）在"文件新建数据库"对话框中，选择该数据库文件的保存类型，通常选择类型为"Microsoft Access 2007 数据库"。

（6）单击"确定"按钮，关闭"文件新建数据库"对话框，返回 Access 2010 启动窗，如图 6—2 所示。

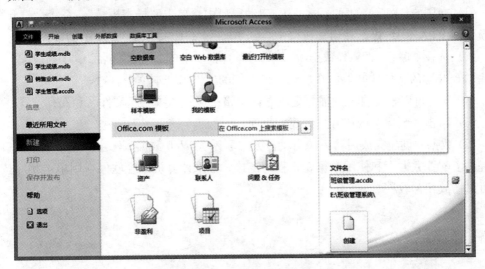

图 6—2 新建数据库为界面

（7）单击启动窗口右侧窗格下方的"创建"按钮，此时系统开始创建名为"学生管理.accdb"的数据库，创建完成后进入 Access 2010 工作窗口，如图 6—3 所示，自动创建一个名为"表 1"的数据表，并以数据工作表视图方式打开这个数据表。至此，完成了"班级管理"数据库的创建工作。

图 6—3 Access 2010 工作窗口

说明：在通过"开始"菜单启动 Access 2010 以后，系统首先会显示"可用模板"面板，Access 2010 采用了与 Access 2007 扩展名相同的数据库格式，扩展名为".accdb"。

而之前的各个 Access 版本采用的扩展名都是".mdb"。

也可以使用"样本模板"创建数据库。例如，使用"样本模板"创建联系人 Web 数据库，操作步骤如下：

（1）在图 6—1 所示的 Access 2010 启动窗口中，单击"样本模板"，系统会打开"可用模板"窗格，用户可以在启动窗口中看到 Access 2010 提供的 12 个示例模板。

（2）选择"联系人 Web 数据库"，此时系统自动生成一个文件名为"联系人 Web 数据库.accdb"的文件，并显示在启动窗口右侧的文件名文本框中。

（3）用户可以根据自身的需要更改右侧窗格中显示的数据库文件名和保存位置。

（4）单击"创建"按钮开始创建数据库。

（5）数据库创建完成后，系统自动打开"联系人 Web 数据库"窗口，在这个窗口中，还提供了配置数据库和使用数据库教程的链接。如果计算机已经联网，则单击相应按钮，就可以播放相关教程。

任务小结

本任务主要介绍了 Access 2010 的基础操作，包括 Access 2010 的打开和退出、数据库的建立等，为下面数据表的建立和查询的建立打下了基础。

任务2　新建学生信息表

任务描述

小王创建"班级管理"数据库来进行班级管理，但是数据库中没有任何信息，是一个空数据库。因此，小王要创建包含班级成员信息的数据表、学生成绩表、课程表等相关数据表。

任务准备

- 认识 Access 2010 数据类型
- 创建数据表
- 认识什么是表

任务实施

一、 认识 Access 2010 数据类型

1. 文本型

文本型是默认的数据类型，通常用于表示文字数据，如姓名、地址等，也可以是不需要计算的数字，如邮政编码、身份证号、电话号码等，还可以是文本和数字的组合，如"A302"、"文化路—80 号"等。

2. 备注型

备注型数据与文本型数据本质上是一样的。不同的是，备注型字段可以保存较长的数据，它允许存储的内容可长达 64 kB 个字符，通常用于保存个人简历、备注、备忘录等信息。

3. 数字型

数字型数据表示可以用来进行算术运算的数据，但涉及货币的计算除外。在定义了数字型字段后，还要根据处理数据范围的不同确定所需的存储类型，如整型、单精度型等，系统默认的是长整型。

4. 日期/时间型

日期/时间型数据用来保存日期和时间。该类型数据字段长度固定为 8 个字节。

5. 货币型

货币型数据是一种特殊的数字型数据。和数字型的双精度类似，该类型字段也占 8 个字节，向该字段输入数据时，直接输入数据后，系统会自动添加货币符号和千位分隔符。

6. 自动编号型

每一个数据表中只允许有一个自动编号型字段。该类型字段固定占用 4 个字节。

7. 是/否型

该类型字段只包含两个值中的一个，如是/否、真/假、开/关等。该类型字段的长度固定为 1 个字节。

8. OLE 对象类型

OLE 是 Object Linking and Embedding 的缩写，意思是对象的链接与嵌入，用于存放表中链接和嵌入的对象。这些对象以文件的形式存在，其类型可以是 Word 文档、Excel 电子表格、声音、图像和其他的二进制数据。

二、 输入数据创建表

（1）创建数据库后，在系统自动创建的"表 1"中，单击"单击以添加"按钮，在

打开的下拉列表框中选择字段类型,如图 6—4 所示。

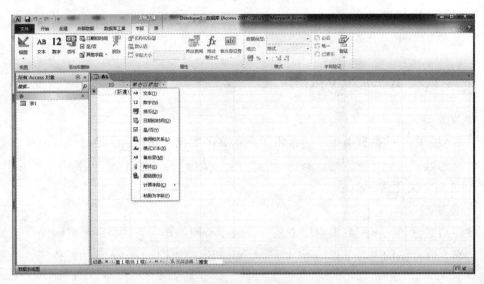

图 6—4　选择字段类型

(2) 或者单击"表格工具"的"字段"选项卡下"添加和删除"组的"其他字段"图标按钮,Access 将显示"字段模板"窗格,其中包含常用字段类型列表,如图 6—5 所示。单击其中一个字段类型就将其属性设置为相应值,且光标自动移动到下一个字段,字段名自动按照"字段 1"、"字段 2"命名。

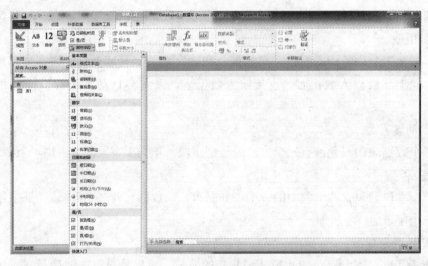

图 6—5　常用字段类型

(3) 在"字段 1"中单击右键,并在弹出的快捷菜单中选择"重命名字段"命令或者双击"字段 1",修改相应的字段名。按照此方法,修改"字段 2"、"字段 3"……可建立表结构。同样使用该快捷菜单可以进行删除字段等操作。

(4) 若要添加数据,在第一个空单元格中开始输入数据,并依次输入。如图 6—6所示。

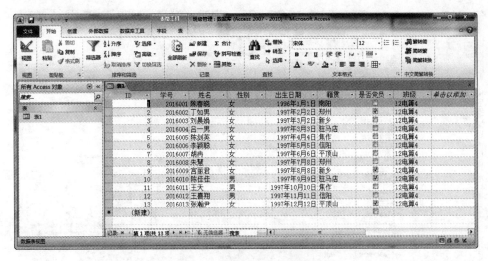

图 6—6　添加数据后的视图

（5）保存表。输入数据后单击"快速访问工具栏"中的"保存"按钮，弹出"另存为"对话框，输入表的名称为"学生信息表"，单击"确定"按钮。

三、 使用表设计视图创建表

使用设计视图建立"学生信息表"的操作步骤如下：

（1）打开"班级管理"数据库。打开"文件"菜单，单击"打开"按钮，将弹出"打开"窗口，找到 E 盘下的"班级管理系统"文件夹，双击打开，然后选择"班级管理"数据库，单击"打开"按钮。

单击"创建"选项卡下"表格"组中的"表设计"按钮　，进入表设计视图。

（2）在表设计视图中，按照表 6—1 的内容，在字段名称列中输入字段名称，在数据类型列中选择相应的数据类型，在常规属性窗格中设置字段大小、格式等信息。如图6—7 所示。

表 6—1　　　　　　　　　　　　　　　　学生信息表结构

字段名称	数据类型	字段大小	格式
学号	文本	7	
姓名	文本	8	
性别	文本	1	
出生日期	日期/时间		长日期
籍贯	文本	30	
是否党员	是/否		是/否
班级	文本	10	

（3）若要删除字段，可以直接右击该字段，在弹出的快捷菜单中选择"删除行"进

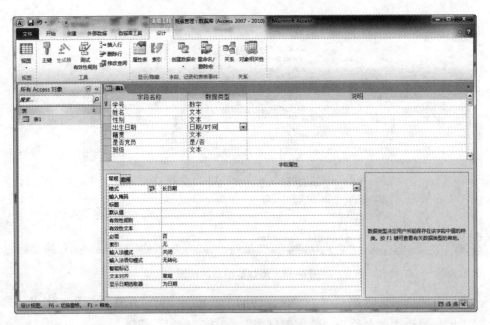

图6—7　设计视图下输入字段

行删除。同样，也可插入字段。

（4）在表的设计视图中，先选中要设置为主键的"学号"字段行，然后单击"表格工具"的"设计"选项卡下"工具"组中的"主键"按钮，即为表设置了主键（再次单击"主键"按钮，可以去掉主键）。

（5）单击"保存"按钮，以"学生信息表"为名称保存表。然后关闭"学生信息表"。

（6）输入数据：双击"学生信息表"，打开此表，进入数据输入界面（数据表视图），按照实际信息输入即可。如图6—8所示。

学号	姓名	性别	出生日期	籍贯	是否党员	班级	单击以添加
2016001	陈春晓	女	1996年1月1日	南阳	☐	12电算4	
2016002	丁如男	女	1997年2月2日	郑州	☑	12电算4	
2016003	刘晨娟	女	1997年3月2日	新乡	☐	12电算4	
2016004	吕一男	女	1997年3月3日	驻马店	☐	12电算4	
2016005	陈剑英	女	1997年4月4日	焦作	☐	12电算4	
2016006	李颖聪	女	1997年5月5日	信阳	☐	12电算4	
2016007	胡冉	女	1997年6月6日	平顶山	☐	12电算4	
2016008	朱慧	女	1997年7月8日	郑州	☐	12电算4	
2016009	宫丽君	女	1997年8月8日	新乡	☑	12电算4	
2016010	陈佳佳	男	1997年9月9日	驻马店	☑	12电算4	
2016011	王天	男	1997年10月10日	焦作	☐	12电算4	
2016012	王喜翔	男	1997年11月11日	信阳	☐	12电算4	
2016013	张瀚尹	女	1997年12月12日	平顶山	☑	12电算4	
*					☐		

图6—8　学生信息表的"数据表视图"

（7）按照表6—2，建立学生成绩表和课程表，不用输入数据。

表 6—2 成绩表和课程表结构

"成绩表"结构			"课程表"结构		
字段名称	数据类型	字段大小	字段名称	数据类型	字段大小
学号	文本	7	课程号	文本	5
课程号	文本	5	课程名	文本	40
成绩	数字	双精度	学分	数字	双精度

四、 认识什么是表

（1）表的基本组成：表在形式上就是一张二维表，包含表结构和表数据。

表结构：表名和字段（包括字段名称、字段数据类型、格式等），见表 6—1。

表数据：表中的每一行（不包括第一行），叫一条数据，也叫做一条记录、一个实体。例如：图 6—9 中显示的学生信息表。

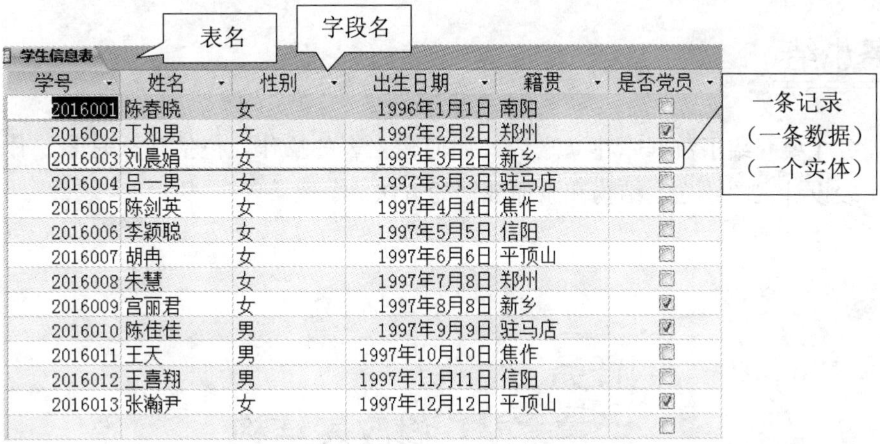

图 6—9 表的各部分说明

一个数据表中可以有多个字段，如图 6—9 所示，其中共有学号、姓名、性别、出生日期、籍贯、是否党员、班级共七个字段；表中每一行是一条数据，也称为一条记录、一个实体。

简单地说：

行：水平方向，一行称为一条记录，表示一个具体的实体；

列：垂直方向，第一行表示字段名，下面是该字段对应的值。

如图 6—10 和图 6—11 所示。

图 6—10 表的字段行和数据行

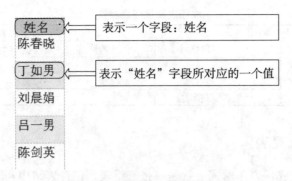

姓名 ← 表示一个字段：姓名

陈春晓

丁如男 ← 表示"姓名"字段所对应的一个值

刘晨娟

吕一男

陈剑英

图 6—11 表的字段与字段的值

（2）数据库就是一个仓库，数据表就是存在仓库中的重要对象之一。一个仓库可以存放很多个表，还可以存放查询、窗体、报表、宏、模块等对象。

任务小结

本任务主要介绍了数据库建立之后，如何建立表的操作，包括什么是表、什么是表结构，用表设计视图建立表结构和添加数据的方法。

任务3 修改表结构

任务描述

小王创建了包含班级成员信息的数据表、学生成绩表、课程表等相关数据表，但是由于设计时没有考虑周全，因此出现了一些问题。现在要将以上几个表的结构进行修改。

任务准备

- 认识什么是主键
- 掌握更改表结构的方法
- 创建主键，修改表结构

任务实施

一、 认识什么是主键

1. 什么是主键

在 Access 中，表中的实体（记录）之间进行相互区分的标识称为主键。这个标识可以是一个字段，也可以是两个或两个以上字段的组合。

2. 为什么要设主键

（1）主键：用于实体之间相互区分的标识。例如：学生之间相互区分的标识："学号"字段。

（2）主键的构成：主键一定是表中某一个或多个字段。

（3）主键的分类：根据主键构成的字段的多少进行分类，分 3 种类型：单字段主键、多字段主键、自动编号型主键（Access 中有一种字段的数据类型是自动编号型）。

（4）主键的特征：主键值具有唯一性和非空性（这样能确保实体的完整性），它能在表中唯一地标识出一个实体（记录）。它在表中是不会出现重复值的。

二、 给课程表和成绩表设主键

（1）打开班级管理数据库，在左边展开的列表中找到"课程表"，右键单击"课程表"，在弹出的快捷菜单中选择"设计视图"，如图 6—12 和图 6—13 所示。

图 6—12 右键菜单

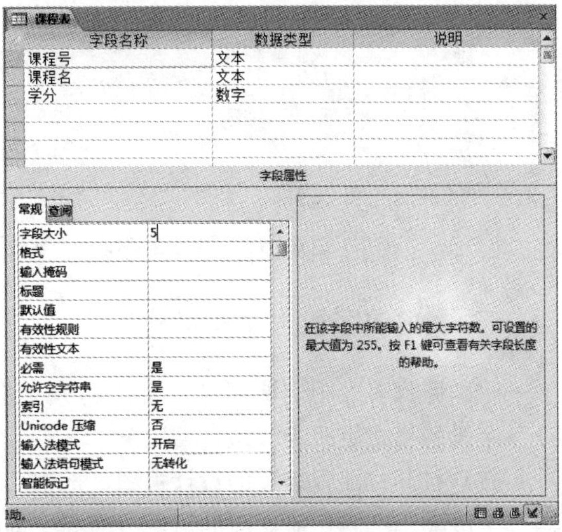

图 6—13 打开"课程表"的设计视图

（2）根据主键定义判断确定主键：表中三个字段中，只有"课程号"字段中保存的数据是具有唯一性的，因此，将"课程号"设为主键。

操作：单击选中"课程号"字段名，然后单击"表格工具"的"设计"选项卡下"工具"组中的主键按钮，图6—14所示。

图6—14　设置主键

（3）同样分析"学生信息表"，其中只有"学号"字段具有唯一性，可设为主键。

（4）设置组合字段主键：分析"成绩表"，发现每一个字段对应的值都是会重复的，不具有唯一性，因此，考虑用组合字段来设置主键。经分析可看出，"学号"＋"课程号"组合起来具有唯一性，因此可设为主键。操作如下：

1）打开"成绩表"的设计视图，同时选中"学号"和"课程号"字段，用鼠标左键单击"学号"左边的灰色方块，选中"课程号"字段，同时按"Ctrl"键，再单击"课程号"左边的灰色方块。

2）单击"工具"组中的"主键"按钮。如图6—15所示。

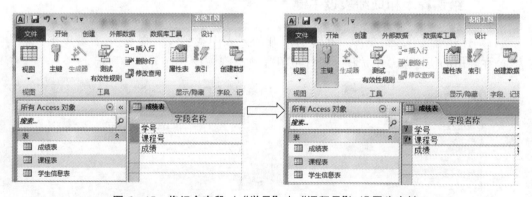

图6—15　将组合字段（"学号"＋"课程号"）设置为主键

三、更改字段大小和格式

将"课程表"中"课程名"字段的大小更改为50，将"学生信息表"中"出生日期"字段的格式更改为"短日期"。

（1）打开"课程表"的设计视图，选中"课程名"字段，在下方"常规"选项卡中，将"字段大小"右边所对应的值更改为50，如图6—16所示。

（2）打开"学生信息表"的设计视图，选中"出生日期"字段，在下方"常规"选项卡中，单击"格式"项目右边对应的值，这时该单元格最右边将会出现向下的小箭头，单击它，出现下拉菜单，选择"短日期"项即可。如图6—17所示。

图 6—16　更改字段大小

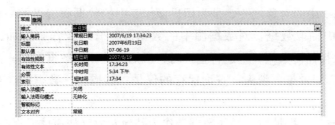

图 6—17　设置日期格式

（3）若要更改其他属性，按以上操作步骤即可。

任务小结

　　本任务主要介绍了表结构的调整，包括调整字段大小、设定字段格式；认识什么是主键，如何设置主键。

查询学生信息

任务描述

　　小王创建了包含班级成员信息的数据表、学生成绩表、课程表等相关数据表后，输入了相关数据。为方便日常管理，小王要经常查询学生信息、学习成绩等信息，该怎么做呢？

任务准备

- 认识什么是查询
- 了解关系型数据库的基本概念
- 创建各种查询

任务实施

一、 认识查询

查询是 Access 中的对象之一，是为用户操作表中的数据而提供的一种常用工具。使用查询可以从表中抽取数据，对数据源中的数据进行管理操作（增加、修改、删除数据）。查询并不保存任何数据，当运行查询时，所抽取的相应数据形成一个动态的数据集合，关闭查询时，记录集合消失。查询保存的仅是一些操作（数据源、查找的字段和查询条件等）。

查询的功能有：数据抽取、操作数据、作为其他对象（如窗体或报表）的数据源。

查询的分类有：选择查询、参数查询、交叉表查询、操作查询（更新查询、删除查询）、生成表查询、追加查询和 SQL（Structured Query Language，结构化查询语言）查询。

二、 使用 "查询设计" 创建查询

从"学生信息表"中查找学生的信息，显示字段为"学号"、"姓名"、"性别"3 个字段的内容。查询命名为"学生信息查询"。

（1）打开"班级管理"数据库，单击"创建"选项卡下"查询"组中的"查询设计"，打开设计界面，即查询设计视图，如图 6—18 所示。

（2）在"显示表"窗口中选择"学生信息表"，然后单击"添加"按钮，或者直接双击"学生信息表"，都将该表加入数据源区。关闭"显示表"窗口。

分析：小王要查询的"学号"、"姓名"、"性别"3 个字段内容，都在"学生信息表"中有数据，所以只要利用"学生信息表"即可完成。因此，不需要添加其他表到数据源区。

（3）在设计网格中，按顺序选择所要显示的字段名，也可以直接双击学生信息表中所显示的字段加入，如图 6—19 所示。

（4）单击左上方的"运行"按钮 ![运行]，可以运行查询，查看效果。也可单击左上方的"视图"按钮，切换到"数据表视图"，如图 6—20 所示。还可以单击窗口右下方的快捷按钮 ![快捷按钮]，切换到所需视图，效果如图 6—21 所示。

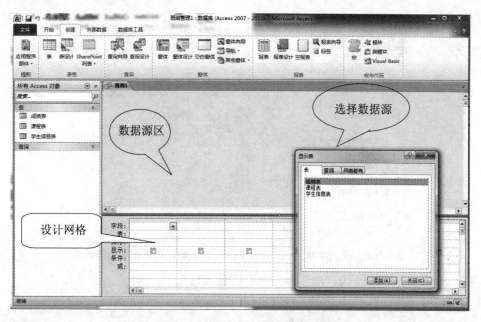

图 6—18　查询设计视图各部分说明

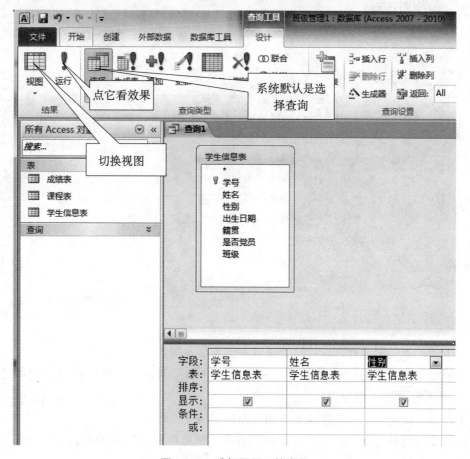

图 6—19　选择要显示的字段

学号	姓名	性别
2016001	陈春晓	女
2016002	丁如男	女
2016003	刘晨娟	女
2016004	吕一男	女
2016005	陈剑英	女
2016006	李颖聪	女
2016007	胡冉	女
2016008	朱慧	女
2016009	宫丽君	女
2016010	陈佳佳	男
2016011	王天	男
2016012	王喜翔	男
2016013	张瀚尹	女
2016014	小兰	女

图 6—20 视图菜单   图 6—21 切换到数据表视图模式

（5）单击"保存"按钮，命名为"学生信息查询"。

知识详解

查询设计视图分为上、下两部分，参看图 6—18：

（1）上半部分：用于显示查询的数据源，包括它们之间的关系，称为数据源区。

（2）下半部分：是定义查询的表格，表格中的列对应查询中的一个字段，行对应字段的属性或要求，称为设计网格区。此表中的元素包括：

1）字段：查询结果中所显示的字段。

2）表：查询数据源，即字段的来源。

3）排序：查询结果中相应字段的排序方式。

4）显示：设置在数据表视图中是否显示该字段。

5）条件：查询条件（同行之间为"与"的关系）。

6）或：查询条件（不同行之间为"或"的关系）。

综上所述，使用"查询设计"创建查询的操作步骤为：

第一步：确定查询的数据源（如果没有明确告知数据源，要根据显示字段进行判断），并把数据源加入数据源区。

第二步：把查询显示的字段逐次加入设计网格字段处。

第三步：判断查询是否有查询规则，若无，则直接跳转到第四步。否则，添加条件字段并设置条件。

第四步：保存并命名查询。

案例分析 1：使用设计视图创建查询：创建名为"按党员查找"的查询，要求查询"学生信息表"中政治面貌是"党员"的学生情况。

操作步骤如下：

第一步：打开"学生管理"数据库，单击"创建"选项卡下"查询"组中的"查询设计"按钮，弹出"设计视图"和"显示表"对话框。

第二步：在"显示表"对话框中选择"学生信息表"作为查询的数据源，单击"添加"按钮，将选定的表添加在查询"设计视图"的数据源区域，关闭"显示表"对话框。

第三步：双击"学生信息表"中的"学号"、"姓名"、"是否党员"，将三个字段依次显示在设计视图下面的"字段"行的相应列中（也可以单击下方相应列进行选择）。在字段第三列的对应"条件"单元格中输入"Yes"，如图 6—22 所示。

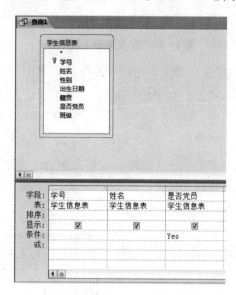

图 6—22 为"是否党员"字段添加条件

第四步：单击"保存"按钮，弹出如图 6—23 所示的"另存为"对话框，输入查询名称"按党员查找"，单击"确定"按钮，在"班级管理"数据库中就添加了该查询。

第五步：单击"查询工具"的"设计"选项卡下"结果"组中的"视图"按钮或"运行"按钮，则可以看到查询结果，如图 6—24 所示。

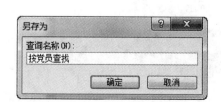

图 6—23 "另存为"对话框

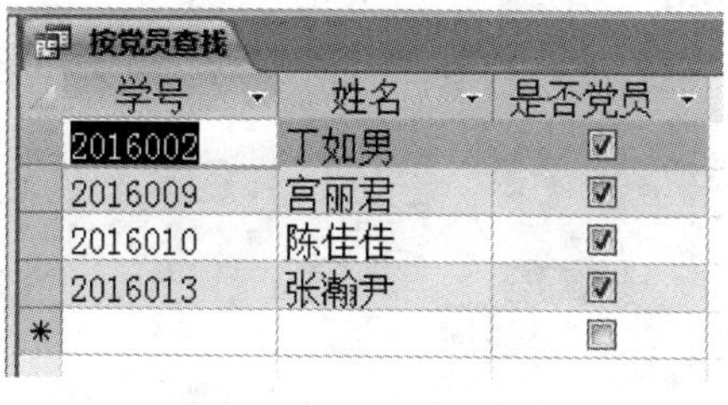

图 6—24 查询结果

案例分析 **2**：小王想查询本班所有姓"张"的同学的信息，又该怎么做呢？

操作步骤如下：第一步、第二步与上一案例完全相同。

第三步：在下方设计网格字段处，单击出现下拉菜单，如图 6—25 所示。选择"学生信息表．＊"项。

图 6—25　字段列的下拉菜单

学生信息表．＊：表示"学生信息表"中的所有字段，其中"＊"号是通配符，代表所有字段。"．"是连接符，连接表名和字段。例如："学生信息表．学号"表示"学生信息表"中的"学号"字段。图中，"学号"、"姓名"、"性别"、"出生日期"、"籍贯"、"是否党员"是"学生信息表"中的字段。

第四步：在**学生信息表．＊**右边的空白格处，单击鼠标左键弹出下拉菜单，选择"姓名"字段，然后在下方的条件格内输入："王＊"，按"Enter"键，系统会自动转换为：Like"王＊"。将"显示"格内的钩去掉，如图 6—26 所示。

注意：

（1）在 Access 中，所有标点符号必须是半角符号或英文符号。

（2）Like 是特殊运算符，用于指定查找文本字段的字符模式。在所定义的字符模式中，可以使用通配符"?"、"＊"、"#"、"[]"等。

字段:	学生信息表.*	姓名
表:	学生信息表	学生信息表
排序:		
显示:	☑	☐
条件:		Like"王*"
或:		

图 6—26　添加"姓名"字段的条件

第五步：单击"查询工具"的"设计"选项卡下"结果"组中的"视图"按钮或"运行"按钮，则可以看到查询结果，如图 6—27 所示。

学号	学生信息录	性别	出生日期	籍贯	是否党员
2016011	王天	男	1997年10月10日	焦作	☐
2016012	王喜翔	男	1997年11月11日	信阳	☐
*					☐

图 6—27　姓王的学生信息查询结果

第六步：单击"保存"按钮，给查询命名为"王姓同学"。

三、 查询班级学生成绩

小王想查找学生的成绩信息，显示字段为："姓名"、"课程名"、"成绩"。查询命名为"学生成绩查询"。

（1）分析：所需字段不在同一个表内，需要利用多个表作为数据源。

判断数据源："姓名"字段仅在"学生信息表"中存在，所以它一定是数据源。

"课程名"仅存在于"课程表"中，所以它也一定是数据源。

"成绩"仅存在于"成绩表"中，所以它也一定是数据源。

（2）操作：打开"班级管理"数据库，单击"查询设计"进入查询设计界面。

（3）将"学生信息表"、"课程表"、"成绩表"添加到数据源区。将相同字段的主键用鼠标拖动，连在一起，建立"联接"。如图 6—28 所示。

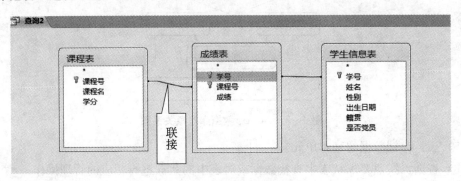

图 6—28　建立"联接"

在图 6—28 中，表与表之间的连线表示联接，也称为关系。双击连线，可以看到联系的具体描述，如图 6—29 所示。

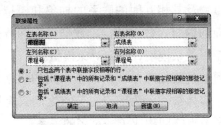

图 6—29　"联接属性"窗口

（4）把查询显示的字段逐次加入设计网格字段处。如图 6—30 所示。

（5）"运行"查看效果，然后保存为"成绩查询"。

四、 了解关系型数据库的基本概念

1. 数据库的基本概念

（1）数据库（Database）：是按照数据结构来组织、存储和管理数据的仓库。

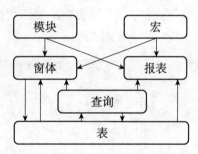

图 6—30　添加查询显示的字段

（2）空数据库：仅有结构，而没有用户的任何数据的数据库。

（3）Access 数据库的基本框架组成：有 7 种类型的对象，分别是：表（Table）、查询（Query）、窗体（Form）、报表（Report）、数据访问页（Page）、模块（Module）、宏（Macro）。

（4）Access 数据库对象之间的关系如图 6—31 所示。

图 6—31　Access 数据库对象关系图

（5）表：存储数据的基本单元。

（6）查询：按照要求从表中查找数据或对表中的数据进行相应的管理操作。

（7）窗体：以图形化的界面对数据库中的数据进行管理。

（8）报表：以图形化的界面进行格式化输出或对数据进行统计分析，用于打印。

2. 数据模型介绍

模型是对客观存在的事物及其相互间的联系的抽象和模拟，是面向数据库全局逻辑结构的描述，包含三个方面的内容：数据结构、数据操作和数据约束条件。常用的数据模型有层次模型、网状模型、关系模型、面向对象模型。

（1）层次模型。层次模型是数据库系统中最早采用的数据模型，它用树形结构组织数据。在树形结构中，各个实体被表示为节点，节点之间具有层次关系。相邻两层节点称为父子节点，父节点和子节点之间构成了一对多的关系。

在树形结构中，有且仅有一个根节点（无父节点），其余节点有且仅有一个父节点，但可以有零个或多个子节点。

（2）网状模型。网状模型是层次模型的扩展，用图的方式表示数据之间的关系。网状模型可以方便地表示实体间多对多的联系，允许一个以上的节点无交结点，一个节点可以有多于一个的交结点。

（3）关系模型。关系模型是用二维表表示实体与实体之间联系的模型，它的理论基础是关系代数。关系模型中的数据以表的形式出现，操作的对象和结果都是二维表，每一个二维表称为一个关系，它不仅描述实体本身，还能反映实体之间的联系。在二维表中，每一行称为一个元组，它存储一个具体实体的信息，每一列称为一个属性。Access 数据库就是关系型数据库。

（4）面向对象模型。面向对象模型是用"面向对象"的观点来描述现实世界客观存在的事物的逻辑组织、对象间联系和约束的模型。

3. 表关系概念

Access 数据库中的表对象可以有 n 个表。这些表之间的关系可以描述为：既相互独立又相互联系。

独立是指这些表物理上（占用的存储空间）是相互独立的。

联系是指这些表逻辑上（表所存储的实体类型之间的客观存在的联系）是有联系的。例如：学生和班级这两个表之间的关系就是现实世界中"学生是从属于班级"关系的体现。

表关系是实体之间的客观联系的表现。

（1）表关系的类型。事物之间的联系分为 3 种类型：

第一种类型：一对一，记作 $1:1$。

第二种类型：一对多或多对一，记作 $1:n$ 或 $n:1$。

第三种类型：多对多，记作 $n:m$ 或 $m:n$。

（2）联系的定义。

定义 1：假定有 2 个实体集 A 和 B。若 A 中的一个实体只能对应 B 中的一个实体，反之亦然，则称为 A 和 B 的联系是一对一。

例如：学生和学号之间的联系是一对一。即：一个学生只能拥有一个学号，并且一个学号分配给一个学生后，就不能再分配给另一个学生。

定义 2：假定有 2 个实体集 A 和 B。若 A 中的一个实体可以对应 B 中的多个实体，B 中的一个实体只能对应 A 中的一个，则称为 A 和 B 的联系是一对多，记作 $1:n$。

例如：班级和学生的关系类型是 $1:n$。其含义是：1 个班级可以拥有多个学生，但 1 个学生只能属于一个班级。

定义 3：假定有 2 个实体集 A 和 B。若 A 中的一个实体可以对应 B 中的多个实体，反之亦然，则称为 A 和 B 的联系是多对多。

例如：学生选课，学生和课程之间的关系类型是 $n:m$。其含义是：一个学生可以选上多门课程，一门课程可以被多个学生选上。

4. 表关系的建立

实现步骤：

第一步：明确待建立关系的表之间存在何种关联，分别确定各表所表示的是何种实体，再分析实体在现实世界的关系。

第二步：打开建立表关系的工具，添加建立关系的表。

第三步：拖动表之间的联接字段（公共字段）。

所谓联接字段,是指2个表中,各有一个字段,它们中所保存的数据是语义相同的(代表的含义是一致的)。见前文中"查询班级学生成绩"中的第三步。

案例分析3:创建查询,查找女生的成绩信息,显示字段为:"姓名"、"课程名"、"成绩"。查询命名为"女学生成绩查询"。

分析:查询是有查询条件的。条件要求查女生的成绩,即性别字段的数据值是"女"。因此,条件字段为"性别",表示规则为:性别="女"。

另外,"姓名"字段只存在于"学生信息表"中,"课程名"字段只存在于"课程表"中,"成绩"只存在于"成绩表"中,因此,这三个表都要使用。

操作步骤是:

第一步:打开数据库"班级管理",单击"创建"选项卡下"查询"组中的"查询设计"按钮,打开查询设计界面。

第二步:在"显示表"的窗口中,选择"成绩表"、"课程表"、"学生信息表"添加到查询设计区中,如图6—32所示。

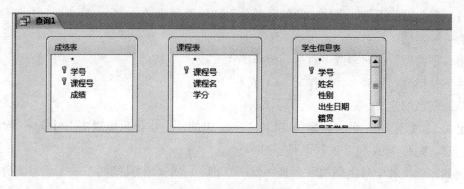

图6—32 添加数据表

第三步:建立联接(联系):用鼠标拖动"成绩表"中的"学号"字段到"学生信息表"中的"学号"字段上,放开鼠标,这样就建立了"成绩表"和"学生信息表"的联系。同样,拖动"成绩表"中的"课程号"字段放到"课程表"中的"课程号"字段上,建立联系。如图6—33所示。

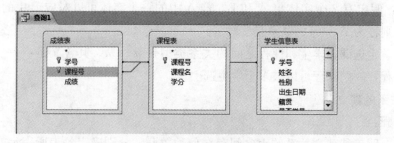

图6—33 建立联接

可以看见,相同字段之间有一根黑线,代表已建立表间的联系(联接)。为了更好地看清表间联系,可以用鼠标拖动这三个表,调整一下位置,将"成绩表"放在"课程表"

和"学生信息表"中间，如图 6—34 所示。

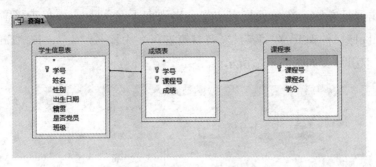

图 6—34　调整三个表的位置

提示：联系可以看成是一架桥梁，将表与表联接到了一起。

第四步：在界面下方的设计网格区中，在字段行内，顺序选择相应字段，步骤如图 6—35 所示。

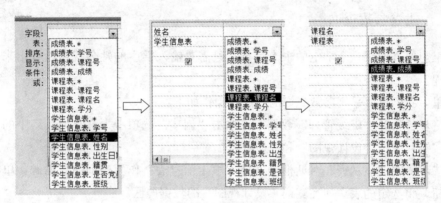

图 6—35　选择各表中相应字段

结果如图 6—36 所示。

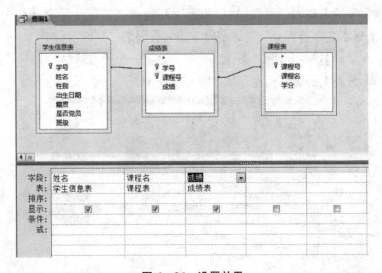

图 6—36　设置效果

第五步：在设计网格中，在第四列（即上图中"成绩"字段后的一列）的字段行（第一行）单击鼠标左键，在单元格右边将会出现向下箭头 ▾，再单击该箭头，出现下拉菜单，然后选择"性别"。在"条件"行（第五行）中输入"女"，按"Enter"键，系统会自动加上双引号。如图 6—37 所示。

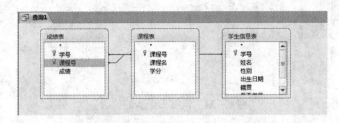

图 6—37　添加"性别"字段的条件

第六步：去掉显示行内的钩，单击"运行"按钮查看效果，然后保存。

五、 建立参数查询

小王想要查询某一个学生的个人信息，只需要输入学生的姓名就可以查出来。应该怎么做呢？

这里，我们可以采用参数查询的方法，操作如下：

第一步：打开"班级管理"数据库，单击"创建"选项卡下"查询"组中的"查询设计"按钮，弹出"设计视图"和"显示表"对话框。

第二步：在"显示表"对话框中选择"学生信息表"作为查询的数据源，单击"添加"按钮，将选定的表添加在查询"设计视图"的数据源区。

第三步：双击"学生信息表"中的"学号"字段，或者直接将该字段拖动到设计网格区的"字段"行中，这样就在"表"行中显示了该表的名称"学生信息表"，"字段"行中显示了该字段的名称"学号"。然后按照上述操作把"学生信息表"中的"姓名"、"性别"、"出生日期"、"是否党员"等字段添加到后面的"字段"行中。

第四步：在"姓名"字段的"条件"行中，输入一个带方括号的文本"〔请输入学生姓名:〕"作为参数查询的提示信息，如图 6—38 所示。

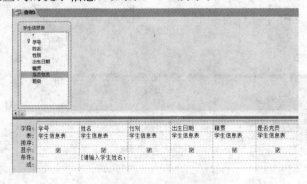

图 6—38　设置参数查询

第五步：保存该查询。单击"设计"选项卡下"结果"组中的"视图"按钮或"运行"按钮，弹出"输入参数值"对话框，如图 6—39 所示。

第六步：输入要查询的学生姓名"丁如男"，并单击"确定"按钮，得到的查询结果如图 6—40 所示。

图 6—39　"输入参数值"对话框

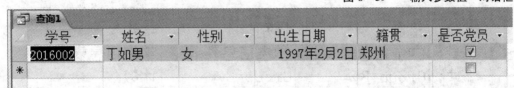

图 6—40　查询结果

注意：提示文本一定要用方括号括起来。

六、建立交叉表查询

小王想要统计班上同一籍贯的男生和女生分别有多少人，这又该怎么做呢？使用交叉表查询能解决这个问题。

操作方法：分别用"籍贯"和"性别"两个字段作为分组字段，进行交叉查询。"籍贯"分组列在查询表的左侧，"性别"分组列在查询表的上部，在表的行与列的交叉处显示性别字段的统计值，如总和、平均、计数等。因此，在创建交叉查询时，要指定三类字段。

（1）指定放在查询表最左边的分组字段构成行标题。

（2）指定放在查询表最上边的分组字段构成列标题。

（3）放在行与列交叉位置上的字段用于计算。

步骤如下：

第一步：打开"班级管理"数据库，单击"创建"选项卡下"查询"组中的"查询设计"按钮，弹出"设计视图"和"显示表"对话框。

第二步：选择"学生信息表"，单击"添加"按钮，将该表添加到"设计视图"的数据源区（上半部分），关闭"显示表"对话框。此时进入查询的"设计视图"，但是默认的"设计视图"是"选择查询"，单击"查询类型"组中的"交叉表"图标按钮，进入交叉表"设计视图"。

此时可以看到交叉表"设计视图"和选择查询"设计视图"的不同。交叉表"设计视图"中多了"交叉表"行，单击后可以看到下拉式列表中有"行标题"、"列标题"和"值"3 个选项，如图 6—41 所示。

第三步：双击"籍贯"字段，将其自动添加到

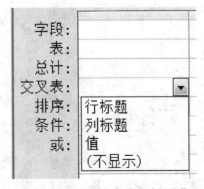

图 6—41　交叉表"设计视图"

"设计视图"的下半部分的设计网格中，并选择"交叉表"行中的"行标题"选项，这样就选定了交叉表的行标题。按照同样的方法，将"性别"字段添加到设计网格中，设定为"列标题"。

将"学号"字段添加到设计网格中，将"总计"行设定为"计数"，"交叉表"行设定为"值"。最终的设计效果如图6—42所示。

字段：	籍贯	性别	学号
表：	学生信息表	学生信息表	学生信息表
总计：	Group By	Group By	计数
交叉表：	行标题	列标题	值
排序：			
条件：			
或：			

图6—42　设置交叉表查询中的行标题、列标题和值

第四步：保存该查询，单击"设计"选项卡下"结果"组中的"运行"按钮，弹出交叉表查询的运行结果，如图6—43所示。

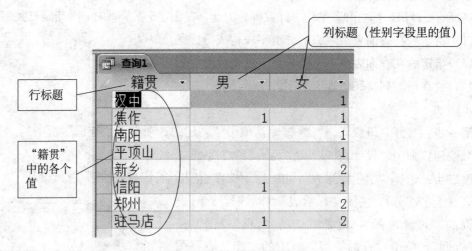

图6—43　交叉表查询结果

任务小结

本任务主要介绍了常用查询建立方法，介绍了关系型数据库中联系的建立，使同学们掌握无条件查询、条件查询、单表查询、多表查询、交叉表查询等，为以后进一步学

习 Access 2010 的各种查询方法以及窗体、报表打下基础。

任务5 操作查询

任务描述

查询中我们常常遇到需要查询特殊条件的情况，比如要通过查询生成一个新表，要修改某些同学的成绩等。那么，我们又该怎么做呢？下面让我们来补充一些关于"操作查询"的知识。

任务准备

- 生成表查询
- 更新查询

任务实施

一、 生成表查询

小王需要将"学生信息表"中的"学号"、"姓名"和"性别"单独查询出来，保存在一张新表里面，以方便平时使用。那么，该怎么做呢？

分析：要将表中的信息提取出来，存于一张新表中，可以用生成表查询实现。

操作步骤：

第一步：打开"班级管理"数据库，单击"创建"选项卡下"查询"组中的"查询设计"按钮，弹出"设计视图"和"显示表"对话框。

第二步：选择"学生信息表"，单击"添加"按钮，将该表添加到"设计视图"的数据源区（上半部分），关闭"显示表"对话框。此时进入查询的"设计视图"，单击"查询工具"的"设计"选项卡下"查询类型"组中的"生成表"按钮，出现"生成表"对话框，如图 6—44 所示，填上表名称"简要信息"，然后单击"确定"按钮，"生成表"对话框消失，如图 6—45 所示。

图 6—44　"生成表"对话框

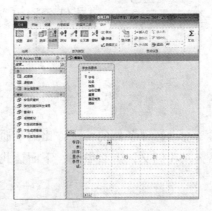

图 6—45　生成表查询界面

第三步：双击需要的字段（学号、姓名、性别），将其加入查询设计网格中。然后单击"运行"按钮，出现提示窗口，如图 6—46 所示，单击"确定"按钮。在窗口左边的"所有对象"窗口中就新增加了"简要信息"表，如图 6—47 所示。可以双击该表，查看表中数据。关闭查询窗口，不必保存。

图 6—46　添加数据提示

图 6—47　生成"简要信息"表

二、更新查询

由于特殊原因，小王需要将所有同学的成绩都增加 20 分。这又该怎么做呢？

方法：采用更新查询。

操作步骤：

第一步：打开"班级管理"数据库，单击"创建"选项卡下"查询"组中的"查询设计"按钮，弹出"设计视图"和"显示表"对话框。

第二步：选择"成绩表"，单击"添加"按钮，将该表添加到"设计视图"的数据源区，关闭"显示表"对话框。此时进入查询的"设计视图"，单击"更新"按钮，设计网格中的"排序"行与"显示"行消失了，出现了"更新到"行，如图 6—48 所示。

图 6—48　出现"更新到"行

第三步：双击选择要更新的字段——"成绩"字段，使"成绩"字段进入设计网格中的字段一行中，然后在"更新到"行中输入："［成绩］＋20"，如图 6—49 所示，最后按"Enter"键。系统会跳出提示窗口，如图 6—50 所示，按"Enter"键确认。这样，就将所有成绩在原成绩的基础上增加了 20 分。

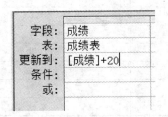

图 6—49　添加"更新到"的条件

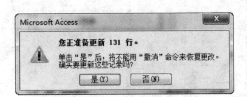

图 6—50　更新数据提示窗口

任务小结

本任务主要介绍了生成表查询和更新查询的方法，为以后进一步学习 Access 2010 的各种查询方法以及窗体、报表打下基础。

项目小结

本项目主要介绍了 Access 2010 数据库系统的基本操作，包括建立、修改数据库，创建数据表和查询设计等内容。通过本项目的学习，同学们对 Access 2010 有一定的了解，掌握了数据库、数据表的创建和查询设计方法，对数据库有了一个初步认识，能运用 Access 2010 做一些数据统计和管理方面的工作，为以后深入学习和使用数据库系统打下了基础。

思考与练习

实训 1：创建数据库和表结构

（1）创建一个数据库，命名为：教务管理。

（2）使用"设计视图"创建表。

要求：在"教务管理.accdb"数据库中利用设计视图创建"教师"表各个字段，教师表结构见表 6—3。

表 6—3   教师表结构

字段名	类型	字段大小	格式
教师编号	文本	6	
姓名	文本	4	
性别	文本	1	
年龄	数字	整型	
参加工作时间	日期/时间		短日期
政治面貌	文本	2	
学历	文本	4	
职称	文本	4	
系部	文本	5	
联系电话	文本	11	
是否在职	是/否		是/否

（3）在"教务管理.accdb"数据库中创建"学生"表、"课程"表和"成绩"表，其结构分别见表 6—4、表 6—5 和表 6—6。

表 6—4   学生表结构

字段名	类型	字段大小	格式
学生编号	文本	11	
姓名	文本	4	
性别	文本	2	
出生日期	数字		短日期
入校日期	日期/时间		短日期
是否团员	是/否		是/否
住址	备注		
照片	OLE 对象		

表 6—5 课程表结构

字段名称	数据类型	字段大小	格式
课程号	文本	5	
课程名	文本	16	
学分	数字	双精度	

表 6—6 成绩表结构

字段名称	数据类型	字段大小	格式
学生编号	文本	11	
课程号	文本	5	
成绩	数字	双精度	

实训 2：设置主键

1. 创建单字段主键

要求 1：将"教师"表的"教师编号"字段设置为主键。

要求 2：将"学生"表的"学生编号"字段设置为主键。

要求 3：分析"课程"表结构，为其设置主键。

2. 创建多字段主键

要求：将"教师"表的"教师编号"、"姓名"、"性别"三个字段设置为主键。

操作提示：

（1）打开"教师"表的设计视图，选中"教师编号"字段行，按住"Ctrl"键，再分别选中"姓名"、"性别"字段行。

（2）单击工具栏中的主键按钮。

实训 3：为表中添加数据

要求：将表 6—7、表 6—8 和表 6—9 中的数据输入"学生"表、"课程"表和"成绩"表中。

表 6—7 学生表内容

学生编号	姓名	性别	出生日期	入校日期	团员否	住址	照片
20150122101	王一	女	1996/2/1	2015/7/3	否	郑州市	
20150122102	陈程	男	1997/3/1	2015/7/3	是	郑州市	
20150122103	王凯	女	1998/4/1	2015/7/3	是	郑州市	
20150122104	张飞	男	1996/5/1	2015/7/3	是	郑州市	
20150122105	田地	男	1997/6/1	2015/7/3	是	安阳市	
20150122106	武一	男	1998/7/1	2015/7/3	否	安阳市	
20150122107	张强	男	1998/8/1	2015/7/3	是	安阳市	
20150122108	付强	男	1997/9/1	2015/7/3	是	安阳市	位图图像
20150122109	张兰	女	1998/10/1	2015/7/3	否	安阳市	位图图像

表 6—8   课程表内容

课程号	课程名	学分
10001	高数（1）	2
10002	高数（2）	2
20001	大学语文（1）	2
20002	大学语文（2）	2
30001	大学英语（1）	2
30002	大学英语（2）	2
40001	普通物理	3
40002	高能物理	3
40003	无机化学	3
40004	有机化学	3

表 6—9   成绩表内容

学生编号	课程号	成绩
20150122101	10001	95
20150122101	10002	95
20150122102	10001	95
20150122102	10002	95
20150122103	10001	95
20150122103	10002	95
20150122104	10001	95
20150122104	10002	95
20150122105	10001	80
20150122105	10002	80
20150122106	10001	80
20150122106	10002	80
20150122107	10001	80
20150122107	10002	80
20150122108	10001	80
20150122108	10002	80
20150122109	10001	80
20150122109	10002	80

实训 4：创建查询

1. 创建单表查询

要求：查询住址为"安阳市"的学生信息，并显示"学生编号"、"姓名"、"性别"和"出生日期"，命名为"安阳学生"。

2. 创建多表查询

要求：查询学生各门功课的成绩，并显示"学生编号"、"姓名"、"课程名"和"成绩"字段，命名为"成绩查询"。

3. 创建条件查询

要求 1：查询所有女生的成绩，并显示"学生编号"、"姓名"、"课程名"和"成绩"

字段，命名为"女生成绩查询"。

要求 2：查询课程号为"10001"，并且成绩大于 90 分的学生，并显示"学生编号"、"姓名"、"课程名"和"成绩"字段，命名为"90 分以上学生查询"。

4. 创建单参数查询

要求：以已建的查询——"成绩查询"为数据源建立参数查询，按照学生"姓名"查看某学生的成绩，并显示该学生的"学生编号"、"姓名"、"课程名"和"成绩"字段，命名为"按姓名查成绩"。

5. 创建生成表查询

要求：将住址是"郑州市"的学生的信息，存储到"郑州市学生"表中。

6. 创建更新查询

要求：创建更新查询，将"课程号"为"10001"的"成绩"增加 2 分。

项目七

计算机网络基础知识

网络无处不在,让我们能够与全球各地的人通信以及分享信息和资源,为此,需要使用大量能够满足不同条件和需求的技术和流程。

2015年3月5日在第十二届全国人民代表大会第三次会议上,李克强总理在《政府工作报告》中首次提出"互联网+"行动计划:"制定'互联网+'行动计划,推动移动互联网、云计算、大数据、物联网等与现代制造业结合,促进电子商务、工业互联网和互联网金融健康发展,引导互联网企业拓展国际市场。"

目前,我们正处于利用技术延伸和加强通信能力的关键转折时期。互联网的全球化速度已超乎所有人的想象,社会、商业、政治以及人际交往的方式正紧随这一全球性网络的发展而快速演变。网络已渗透到社会的各个领域,当代大学生了解和掌握的计算机网络基本技能已不再是原来的专业技能,而是逐渐成为现代人的一种生活技能。

任务1 了解计算机网络基本知识

任务描述

小李是一名刚入职某公司网络中心的网络管理员,对公司目前的网络不是很清楚,公司领导要求小李在最短时间内对此进行了解和熟悉。小李根据领导的要求,结合自己的专业知识,制定了一个简单的学习计划,先从网络基础入手,以期尽快了解企业的网络并及时地开展工作。

任务准备

- 计算机网络基本知识
- 网络的分类
- 网络的拓扑结构
- 计算机网络的未来发展

任务实施

一、 计算机网络的定义

计算机网络是指将一群具有独立功能的计算机通过通信设备及传输媒体互联起来，在通信软件的支持下，实现计算机间资源共享、信息交换或协同工作的系统。

二、 计算机网络的发展历程

1. 以数据通信为主的第一代计算机网络

1954 年，美国军方的半自动地面防空系统将远距离的雷达和测控仪器所探测到的信息，通过通信线路汇集到某个基地的一台 IBM 计算机上进行集中的信息处理，再将处理好的数据通过通信线路送回到各自的终端设备。这种以单个计算机为中心、面向终端设备的网络结构，严格来讲，是一种联机系统，只是计算机网络的雏形，我们一般称之为第一代计算机网络。

2. 以资源共享为主的第二代计算机网络

美国国防部高级研究计划局（Advanced Research Projects Agency，ARPA）于 1968 年主持研制，次年将分散在不同地区的 4 台计算机连接起来，建成了 ARPA 网。到了 1972 年，有 50 多家大学和研究所与 ARPA 网连接，1983 年，入网计算机达到 100 多台。ARPA 网的建成标志着计算机网络的发展进入了第二代，它也是互联网的前身。

第二代计算机网络是以分组交换网为中心的计算机网络，它与第一代计算机网络的区别在于：

（1）网络中通信双方都是具有自主处理能力的计算机，而不是终端机；

（2）计算机网络功能以资源共享为主，而不是以数据通信为主。

3. 以体系标准化为主的第三代计算机网络

由于 ARPA 网的成功，到了 20 世纪 70 年代，不少公司推出了自己的网络体系结构，最著名的有 IBM 公司的系统网络体系结构（System Network Architecture，SNA）和 DEC 公司的数字网络体系结构（Digital Network Architecture，DNA）。随着社会的发展，需要各种不同体系结构的网络进行互连，但是由于不同体系的网络很难互连，因此，国际标准化组织（ISO）在 1977 年设立了一个分委员会，专门研究网络通信的体系结构。

1983 年，该委员会提出的开放系统互连参考模型（OSI-RM）各层的协议被批准为国际标准，给网络的发展提供了一个可共同遵守的规则，从此计算机网络的发展走上了标准化的道路，因此我们把体系结构标准化的计算机网络称为第三代计算机网络。

4. 以互联网为核心的第四代计算机网络

进入 20 世纪 90 年代，互联网的建立将分散在世界各地的计算机和各种网络连接起来，形成了覆盖世界的大网络。随着信息高速公路计划的提出和实施，互联网迅猛发展起来，它将当今世界带入了以网络为核心的信息时代。目前这阶段计算机网络发展的特点呈现为：高速互连、智能与更广泛的应用。

三、 计算机网络的功能

随着计算机网络技术的发展及应用需求层次的日益提高，计算机网络功能的外延也在不断扩大。归纳起来，计算机网络主要有以下功能：

1. 数据通信

数据通信是计算机网络的基本功能之一，用于实现计算机之间的信息传送。在计算机网络中，人们可以收发电子邮件，发布新闻、消息，进行电子商务、远程教育、远程医疗，传递文字、图像、声音、视频等信息。

2. 资源共享

计算机资源主要是指计算机的硬件、软件和数据资源。资源共享功能是组建计算机网络的驱动力之一，使得网络用户可以克服地理位置的差异性，共享网络中的计算机资源。共享硬件资源可以避免贵重硬件设备的重复购置，提高硬件设备的利用率；共享软件资源可以避免软件开发的重复劳动与大型软件的重复购置，进而实现分布式计算的目标；共享数据资源可以促进人们相互交流，达到充分利用信息资源的目的。

3. 分布式处理

对于综合性的大型科学计算和信息处理问题，可以采用一定的算法，将任务分给网络中不同的计算机，以达到均衡使用网络资源、实现分布处理的目的。

4. 提高系统的可靠性

可靠性对于军事、金融和工业过程控制等部门的应用特别重要。计算机通过网络中的冗余部件，尤其是借助虚拟化技术可大大提高可靠性。例如，在工作过程中，如果一台设备出了故障，可以使用网络中的另一台设备，如果网络中的一条通信线路出了故障，可以取道另一条线路，从而提高了网络整体系统的可靠性。

四、 计算机网络的分类

从不同的角度出发，计算机网络可以有不同的分类方法，最常见的分类方法有以下几种。

1. 根据网络的覆盖范围划分

（1）局域网（Local Area Network，LAN），一般用微机通过高速通信线路连接，覆盖范围从几百米到几公里，通常用于连接一个房间、一层楼或一座建筑物。局域网传输速率高，可靠性好，适用于各种传输介质，建设成本低。

（2）城域网（Metropolitan Area Network，MAN），是在一座城市范围内建立的计算机通信网，通常使用与局域网相似的技术，但对媒介访问控制在实现方法上有所不同，它一般可将同一城市内不同地点的主机、数据库以及 LAN 等互相连接起来。

（3）广域网（Wide Area Network，WAN），用于连接不同城市之间的 LAN 或 WAN。广域网的通信子网主要采用分组交换技术，常常借用传统的公共传输网（如电话网），这就使广域网的数据传输相对较慢，传输误码率也较高。随着光纤通信网络的建设，广域网的速度将大大提高。广域网可以覆盖一个地区或国家。

（4）互联网（Internet），可以说是最大的广域网。它将世界各地的广域网、局域网等互联起来，形成一个整体，实现全球范围内的数据通信和资源共享。

2. 按网络的拓扑结构划分

把网络中的计算机等设备抽象为点，把网络中的通信媒体抽象为线，这样就形成了由点和线组成的几何图形，即采用拓扑学方法抽象出的网络结构，我们称之为网络的拓扑结构。计算机网络按拓扑结构可以分成总线型网络、环型网络、星型网络、树状网络和网状网络等。

（1）总线型拓扑。总线型拓扑采用单一信道作为传输介质，所有主机（或站点）通过专门的连接器接到这根称为总线的公共信道上，如图 7—1 所示。

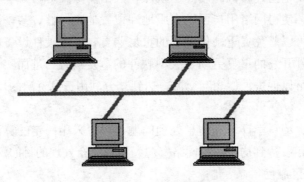

图 7—1　总线型拓扑

在总线型拓扑中，任何一台主机发送的信息都沿着总线向两个方向扩散，并且总能被总线上的每一台主机所接收。由于其信息是向四周传播的，类似于广播，因此总线网络也被称为广播网。这种拓扑结构的所有主机都彼此进行了连接，从而可以直接通信。

总线型拓扑结构的优点是：结构简单，布线容易，站点扩展灵活方便，可靠性高。缺点是：故障检测和隔离较困难，总线负载能力较低；另外，一旦线缆中出现断路，就会使主机之间造成分离，使整个网段通信中止。

（2）环型拓扑。环型拓扑是一个包括若干节点和链路的单一封闭环，每个节点只与相邻的两个节点相连，如图 7—2 所示。在环型拓扑中，信息沿着环路按同一个方向传输，依次通过每一台主机。各主机识别信息中的目的地址，如与本机地址相符，则信息被接收下来。信息环绕一周后由发送主机将其从环上删除。

环型结构的优点是：容易安装和监控，传输最大延迟时间是固定的，传输控制机制简单，实时性强。缺点是：网络中任何一台计算机的故障都会影响整个网络的正常工作，故障检测比较困难，节点增、删不方便。

（3）星型拓扑。星型拓扑是由各个节点通过专用链路连接到中央节点上而形成的网

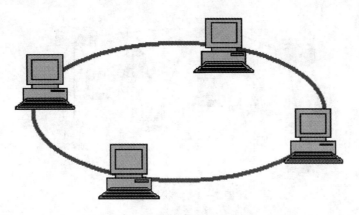

图 7—2　环型拓扑

络结构，如图 7—3 所示。在星型拓扑中，各节点计算机通过传输线路与中心节点相连，信息从计算机通过中央节点传送到网上的所有计算机。星型网络的特点是：很容易在网络中增加新节点，数据的安全性和优先级容易控制，网络中的某一台计算机或者一条线路的故障不会影响整个网络的运行。

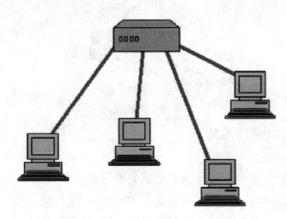

图 7—3　星型拓扑

星型结构的优点是：传输速度快，误差小，扩容比较方便，易于管理和维护，故障的检测和隔离也很方便。缺点是：中央节点是整个网络的瓶颈，必须具有很高的可靠性。中央节点一旦发生故障，整个网络就会瘫痪。

（4）树状拓扑。树状拓扑是从总线型拓扑演变而来的，在树状拓扑中，任何一个节点发送信息后都要传送到根节点，然后从根节点返回整个网络，如图 7—4 所示。

这种结构的网络在扩容和容错方面都有很大优势，很容易将错误隔离在小范围内。这种网络依赖根节点，如果根节点出了故障，则整个网络将会瘫痪。

（5）网状拓扑。网状结构由节点和连接节点的点到点链路组成，每个节点都有一条或几条链路同其他节点相连，如图 7—5 所示。

网状结构通常用于广域网中，优点是：节点间路径多，局部的故障不会影响整个网络的正常工作，可靠性高，而且网络扩充和主机入网比较灵活、简单。但这种网络的结

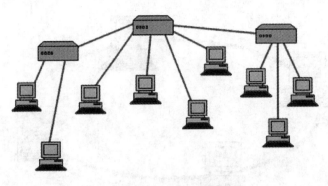

图 7—4　树状拓扑

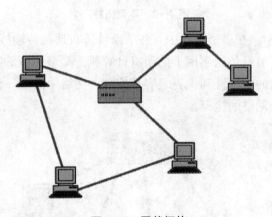

图 7—5　网状拓扑

构和协议比较复杂，建网成本高。

3. 按传输介质划分

计算机网络按传输介质的不同可以划分成有线网和无线网。

（1）有线网采用双绞线、同轴电缆、光纤或电话线做传输介质。采用双绞线和同轴电缆连成的网络经济且安装简便，但传输距离相对较短。以光纤为介质的网络传输距离远，传输率高，抗干扰能力强，安全好用，但成本稍高。

（2）无线网主要以无线电波或红外线为传输介质，联网方式灵活方便，但联网费用稍高，可靠性和安全性还有待完善。另外，还有卫星数据通信网，它是通过卫星进行数据通信的。

五、 计算机网络的发展趋势

计算机网络的发展方向是"IP 技术＋光网络"，光网络将会演进为全光网络。从网络的服务层面上看，网络将是一个 IP 的世界，通信网络、计算机网络和有线电视网络将通过 IP 三网合一；从传送层面上看，网络将是一个光的世界；从接入层面上看，网络将是一个有线和无线的多元化世界。

1. 三网合一

随着技术的不断发展，新旧业务的不断融合，目前广泛使用的通信网络、计算机网络和有线电视网络三类网络正逐渐向单一的统一 IP 网络发展，即所谓的三网合一。IP 网络可将数据、语音、图像、视频均封装到 IP 数据包中，通过分组交换和路由技术，采用全球性寻址，使各种网络无缝连接。IP 协议将成为各种网络、各种业务的"共同语言"，实现三网合一并最终形成统一的 IP 网络，这样会大大地节约开支、简化管理、方便用户。可以说，三网合一是网络发展的一个最重要的趋势。

2. 光通信技术

随着光器件、各种光复用技术和光网络协议的发展，光传输系统的容量已从 Mb/s 级发展到 Tb/s 级，提高了近 10 万倍。光通信技术的发展主要有两个大的方向：一是主干传输向高速率、大容量的光传送网发展，最终实现全光网络；二是接入向低成本、综合接入、宽带化光纤接入网发展，最终实现光纤到家庭和光纤到桌面。

全光网络是指光信息流在网络中的传输及交换始终以光的形式实现，不再需要经过光/电、电/光转换，即信息从源节点到目的节点的传输过程中始终在光域内。

3. IPv6 协议

TCP/IP 协议簇是互联网的基石之一。目前广泛使用的 IP 协议的版本为 IPv4，其地址位数为 32 位，即理论上约有 40 亿（2 的 32 次方）个地址。随着互联网应用的日益广泛和网络技术的不断发展，IPv4 的问题逐渐显露出来，主要有地址资源枯竭、路由表急剧膨胀、对网络安全和多媒体应用的支持不够等。

IPv6 作为下一代的 IP 协议，采用 128 位地址长度，即理论上约有 2 128 个地址，几乎可以不受限制地提供地址。IPv6 除一劳永逸地解决了地址短缺问题外，也弥补了 IPv4 中端到端 IP 连接、服务质量（QOS）、安全性等缺陷。目前，很多网络设备都已经支持 IPv6，我们正在逐步走进 IPv6 的时代。

4. 宽带接入技术与移动通信技术

低成本光纤到户的宽带接入技术和更高速的 3G 乃至以后的 4G、5G 宽带移动通信系统技术的应用，使得不同的网络间无缝连接，为用户提供满意的服务。同时，网络可以自行组织，终端可以重新配置和随身携带，它们带来的宽带多媒体业务也逐渐步入我们的生活。

任务小结

本任务主要通过介绍计算机网络基本概念、发展历程以及计算机网络的基本功能和计算机网络的未来发展趋势，使同学们可以从中学习到当前计算机网络典型结构以及主要的类型有哪些，未来的网络会是什么样。

计算机网络的配置与管理

任务描述

经过一段时间的熟悉和了解，小李对企业的网络结构、网络规模、网络功能以及网络流量等方面的信息非常熟悉了，企业很多员工要求小李为他们培训计算机网络的基本配置方法和步骤。

任务准备

- 网络传输介质
- IPv4 协议
- 网络功能测试
- 计算机网络基本配置

任务实施

一、 网络传输介质

计算机网络传输介质可以按传输方式分为有线传输介质和无线传输介质两类。

1. 有线传输介质

有线传输介质通常按介质种类分为三种：同轴缆、双绞线、光纤。

（1）同轴缆（Coaxial Cable）。同轴缆由四层介质组成。最内层的中心导体层是铜，导体层的外层是绝缘层，再向外一层是起屏蔽作用的导体网（AL112 编），最外一层是表面的保护皮。同轴缆所受的干扰较小，传输的速率较快（可达到 10 Mbps），但布线要求技术较高，成本较贵。

目前，网络连接中最常用的同轴缆有细同轴缆和粗同轴缆两种。细同轴缆主要用于 10Base2 网络中，阻抗为 50 欧，直径为 0.18 英寸，速率为 Mbps，使用 BNC 接头，最大传输距离为 200 米。

粗同轴缆主要用于10Base5网络中，阻抗为50欧，直径为0.4英寸，速率为10 Mbps，使用AUI接头，最大传输距离为500米。

（2）双绞线（Twisted Pair）。双绞线可分为非屏蔽双绞线（UTP）和屏蔽双绞线（STP）两种。非屏蔽双绞线内无金属膜保护四对双绞线，因此，对电磁干扰的敏感性较大，电气特性较差，常用于10BaseT星型网络中，由集线器（Hub）到工作站的最大连接距离为100米，传输速率为10～100 Mbps。UTP的接头是RJ-45接头。

UTP按用途不同分为五类。不同类别的UTP都能传送话音信号，所不同的是它们的数据传送速率不同：

一类和二类线的数据传送速率可达4 Mbps；

三类线的数据传送速率可达16 Mbps，是语音和数据通信最普通的电缆；

四类线的数据传送速率可达20 Mbps；

五类线的数据传送速率可达100 Mbps。

屏蔽双绞线内有一层金属膜作为保护层，可以减少信号传送时所产生的电磁干扰，价格相对比UTP贵。STP适用于令牌环网络中。

（3）光纤（Optical Fiber）。光纤由外壳、加固纤维材料、塑料屏蔽、光导纤维和包层组成。由于光纤所负载的信号是由玻璃线传导的光脉冲，因此不受外部电流的干扰。每组玻璃导线束只传送单方向的信号。所以在独立的外壳中有两组导线束，每一外壳都有一组有强度的加固纤维，并且在玻璃导线束周围有一层塑料加固层。

光纤可分为单模光纤（Single Mode）和多模光纤（Multiple Mode）两种。

单模光纤：只用一种"颜色"（频率）的光传输信号，光束以直线方式前进，没有折射，光纤芯直径小于10 μm。通常采用激光作为光源。

多模光纤：同时传输几种"颜色"（频率）的光，光束以波浪式向前传输，光纤芯直径大多为50～100 μm。通常采用发光二极管作为光源。

单模光纤的传输带宽比多模光纤要宽。

由于光纤在传输过程中不受干扰，光信号在传输很远的距离后不会降低强度，而且光缆的通信带宽很宽，因此光缆可以携带数据长距离、高速传输。虽然光缆比较昂贵，但今后互联网络链路的高速率传输要靠光纤来实现。

2. 无线传输介质

无线传输的介质有：无线电波、红外线、微波、卫星和激光。在局域网中，通常只使用无线电波和红外线作为传输介质。无线传输介质通常用于广域互联网的广域链路的连接。

无线传输的优点在于安装、移动以及变更都较容易，不会受到环境的限制。但信号在传输过程中容易受到干扰和被窃取，且初期的安装费用较高。

二、 IPv4 协议

1. IPv4 地址表示

网络中的每台设备都必须具有唯一定义。目前网络中普遍采用的是IPv4协议版本，采用 IP 地址作为主机的编号来唯一标识一台网络设备。IP 地址（Internet Protocol Address，又译为网际协议地址）是指互联网协议地址，是 IP Address 的缩写。IP 地址是 IP 协议提供的一种统一的地址格式，它为互联网上的每一个网络和每一台主机分配一个逻辑地址，以此来屏蔽物理地址的差异。

数据网络中以二进制形式使用这些地址。设备内部则运用数字逻辑解释这些地址。但是在以人为本的网络中，我们却难以解读 32 位字符串，要记住它更是难上加难。因此，我们使用点分十进制格式来表示 IPv4 地址。以点分十进制表示 IPv4 地址的二进制形式时，用点号分隔二进制形式的每个字节（称为一个二进制八位数）。之所以称为二进制八位数，是因为每个十进制数字代表一个字节，即 8 个位。

例如，地址

10101100000100000000010000010100

的点分十进制表示为：

172.16.4.20

注意：设备使用的是二进制逻辑。采用点分十进制是为了方便人们使用和记忆地址。

2. IPv4 地址分类

最初设计互联网络时，为了便于寻址以及层次化构造网络，每个 IP 地址包括两个标识码（ID），即网络 ID 和主机 ID。同一个物理网络上的所有主机都使用同一个网络 ID，网络上的一个主机（包括网络上的工作站、服务器和路由器等）有一个主机 ID 与其对应。IP 地址根据网络 ID 的不同分为 4 种类型，A 类地址、B 类地址、C 类地址和 D 类地址。

（1）A 类 IP 地址。A 类 IP 地址由 1 字节的网络地址和 3 字节的主机地址组成，网络地址的最高位必须是"0"，地址范围从 1.0.0.0 到 126.0.0.0。可用的 A 类网络有 126 个，每个网络能容纳 1 亿多个主机。

（2）B 类 IP 地址。B 类 IP 地址由 2 个字节的网络地址和 2 个字节的主机地址组成，网络地址的最高位必须是"10"，地址范围从 128.0.0.0 到 191.255.255.255。可用的 B 类网络有 16 382 个，每个网络能容纳 6 万多个主机。

（3）C 类 IP 地址。C 类 IP 地址由 3 字节的网络地址和 1 字节的主机地址组成，网络地址的最高位必须是"110"。范围从 192.0.0.0 到 223.255.255.255。C 类网络可达 209 万余个，每个网络能容纳 254 个主机。

（4）D 类 IP 地址用于多点广播（Multicast）。D 类 IP 地址第一个字节以"1110"开始，它是一个专门保留的地址。它并不指向特定的网络，目前这一类地址被用在多点广播中。多点广播地址用来一次寻址一组计算机，它标识共享同一协议的一组计算机。

（5）私有地址段。在 IP 地址 3 种主要类型里，各保留了 3 个区域作为私有地址，其地址范围如下：

A 类地址：10.0.0.0～10.255.255.255
B 类地址：172.16.0.0～172.31.255.255
C 类地址：192.168.0.0～192.168.255.255

（6）几类特殊的 IP 地址。见表 7—1。

表 7—1   几类特殊的 IP 地址

特殊地址	网络号（Net ID）	主机号（Host ID）	说明
网络地址	特定	全 0	不分配给任何主机，仅表示某个网络的网络地址。如 202.114.206.0
直接广播地址	特定	全 1	不分配给任何主机，用作广播地址，对应的分组传给该网络中的所有节点。如 202.114.206.255
受限广播地址	全 1	全 1	用来将分组以广播方式发送给本网络中的所有主机。如 255.255.255.255
本网络上特定的主机地址	全 0	特定	主机或路由器，向本网络中的某个特定的主机发送分组。这样的分组被限定在本网内部，由特定的主机号对应的主机接受该分组。如 0.0.0.126
本网络本主机	全 0	全 0	表示本机地址，仅在系统启动时使用，并且永远有效。如 0.0.0.0
回送地址	127	任意	用于网络软件测试和本地进程间的通信。无论什么程序使用了回送地址作为目的地址发送数据，协议软件都不会将该数据送网络，而是将它回送。如 127.0.0.1，localhost

三、 计算机网络功能测试

ping 命令可以测试计算机名和计算机的 IP 地址，验证与远程计算机的连接，通过将 icmp 回显数据包发送到计算机并侦听回显回复数据包来验证与一台或多台远程计算机的连接，该命令只有在安装了 TCP/IP 协议后才可以使用。操作步骤如下：

步骤一：单击"开始"按钮，单击"运行"菜单，出现如图 7—6 所示的窗口。

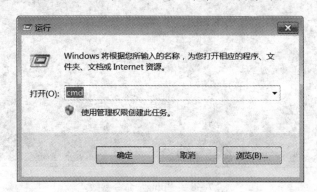

图 7—6   运行窗口

步骤二：在弹出的窗口输入 cmd 后单击"确定"按钮，出现如图 7—7 所示的窗口。

步骤三：在弹出的窗口中输入"ping"，并按"Enter"键，出现如图 7—8 所示的窗口，

图7—7　命令提示符窗口

用 ping 命令测试网络，需要知道 ping 命令有哪些参数，以及各个参数的功能。输入命令 "ping-help" 可查看帮助文档。类似 "其他命令-help" 也能查看相应命令的参数及功能。

图7—8　"ping" 命令参数

步骤四：在弹出的窗口中输入 "ping 127.0.0.1"，并按 "Enter" 键，出现如图7—9所示的窗口，该地址是本地循环地址，如发现本地址无法 ping 通，就表明本地机 TCP/IP 协议不能正常工作或者是网卡损坏。

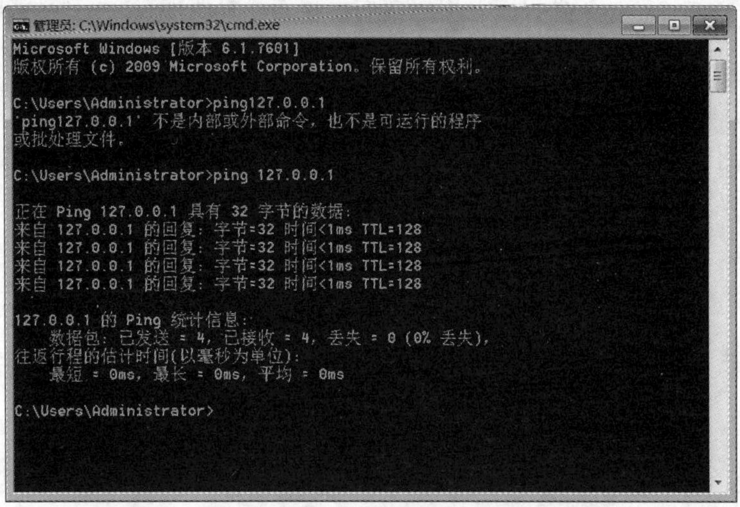

图 7—9　环回测试

步骤五：如果图 7—9 的测试能 ping 通的话，则说明本台计算机的网络协议安装是正确的，具备上网的功能。

四、计算机网络基本配置

在计算机安装好网络适配器且安装了该设备的驱动程序之后，需配置计算机网络的主要参数，包括 IP 地址、子网掩码、默认网关、DNS。配置方式分为静态 IP 地址和动态 IP 地址两种设置方法。

步骤一：用鼠标右键单击桌面上的"网络"图标选择属性，打开如图 7—10 所示的"网络和共享中心"对话框。

图 7—10　"网络和共享中心"对话框

步骤二：单击更改适配器设置，用鼠标右键单击"本地连接"选择属性，出现如图7—11所示的对话框。

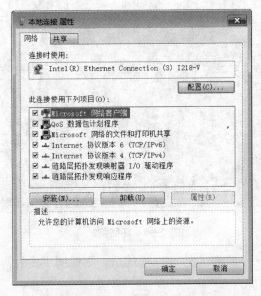

图 7—11　"本地连接"属性

步骤三：双击"Internet 协议（TCP/IP）"，选择"使用下面的 IP 地址"和"使用下面的 DNS 服务器地址"，IP 地址设置为"192.168.1.110"，子网掩码设置为"255.255.255.0"，默认网关设置为"192.168.1.1"，DNS 设置为"202.224.168.68"，最后单击"确定"按钮，如图 7—12 所示。

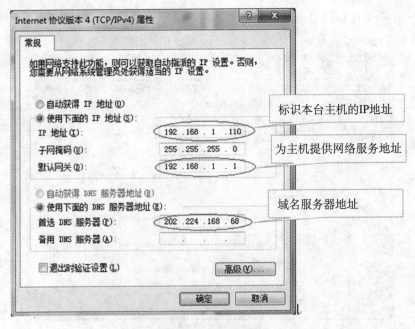

图 7—12　IP 配置界面

注意：

（1）动态 IP 地址的设置方法和静态 IP 地址的设置方法的不同之处在于第三步。双击"Internet 协议（TCP/IP）"，按照图 7—12 的选项选择"自动获得 IP 地址"和"自动获得 DNS 服务器地址"进行设置，最后单击"确定"按钮。

（2）DNS 服务器地址的配置很关键，如果该地址配置不正确，会出现能够接收 QQ、网络游戏等网络服务，但是无法在浏览器中通过域名打开网页文件的现象。

（3）TCP/IP 协议是 Internet 网络核心协议。

任务小结

本任务主要通过 IPv4 地址协议的介绍，阐述 IP 地址在实现网络接入上的重要意义，详细介绍了如何进行计算机网络测试，最后详细介绍了计算机常规网络配置方法。

项目小结

本项目主要介绍了计算机网络基本概念、发展历程以及计算机网络的基本功能和计算机网络的未来发展趋势，详细阐述了 IPv4 地址协议的内容和 IP 地址在实现网络接入上的重要意义，详细介绍了如何进行计算机网络测试，最后详细介绍了计算机常规网络配置方法。

通过本项目的学习，同学们能够对计算机网络有一个清晰的认识，有助于掌握计算机网络的体系结构和功能。同学们可以通过学习计算机网络的 IP 编址技术，了解接入计算机网络中的主机是如何标识的，掌握计算机是否具备上网功能测试方法以及遇到网络问题之后如何进行网络故障排查并进行正确的网络配置。

思考与练习

一、选择题

1. 计算机网络是具有独立功能的多个计算机系统通过____和线路连接起来的系统。
   A. 集成电路　　B. 设备终端　　　　C. 通信设备　　　　D. RS-232
2. 计算机网络是按一定方式进行通信并实现____的系统。

A. 信息传输　　B. 资源共享　　　C. 软件共用　　　D. 硬件共用

3. 一座大楼内的一个计算机网络系统，属于____。

A. PAN　　　　B. LAN　　　　C. MAN　　　　D. WAN

4. 在 IPv4 中，IP 地址用了____个字节。

A. 1　　　　B. 2　　　　C. 3　　　　D. 4

5. Internet 的通信协议是____。

A. TCP/IP　　B. OSI/IOS　　C. NETBEUI　　D. NWLINK

6. 下面的网络命令中，哪一个命令常用来判断网络的连通性？____

A. ping　　　B. ipconfig　　C. tracert　　　D. arp

7. 127.0.0.1 属于哪一类特殊地址？____

A. 广播地址　　B. 回环地址　　C. 本地链路地址　　D. 网络地址

8. 下列哪个任务不是网络操作系统的基本任务？____

A. 明确本地资源与网络资源之间的差异

B. 为用户提供基本的网络服务功能

C. 管理网络系统的共享资源

D. 提供网络系统的安全服务

二、简答题

1. Internet 有哪些基本功能？

2. 如果办公室的电脑不能上网了，你如何查找并解决网络故障？

3. 为什么需要域名解析？简述域名解析服务器进行域名解析的过程。

参考文献

［1］郭清溥．大学计算机应用基础［M］．北京：中国水利水电出版社，2014.

［2］高林，陈承欢．计算机应用基础［M］．北京：高等教育出版社，2014.

［3］宋晏．计算机应用基础［M］．北京：电子工业出版社，2013.

［4］胡选子．计算机应用基础［M］．北京：清华大学出版社，2010.

［5］耿炎，于明．计算机应用基础［M］．北京：机械工业出版社，2010.

［6］孟建晖．计算机应用基础［M］．北京：人民邮电出版社，2014.

［7］夏宝岚．计算机应用基础［M］．上海：华东理工大学出版社，2015.

信息反馈表

尊敬的老师:

　　您好! 为了更好地为您的教学、科研服务, 我们希望通过这张反馈表来获取您更多的建议和意见, 以进一步完善我们的工作。

　　请您填好下表后以电子邮件、信件或传真的形式反馈给我们, 十分感谢!

一、您使用的我社教材情况

您使用的我社教材名称			
您所讲授的课程		学生人数	
您希望获得哪些相关教学资源			
您对本书有哪些建议			

二、您目前使用的教材及计划编写的教材

	书名	作者	出版社
您目前使用的教材			
	书名	预计交稿时间	本校开课学生数量
您计划编写的教材			

三、请留下您的联系方式, 以便我们为您赠送样书 (限1本)

您的通信地址			
您的姓名		联系电话	
电子邮件 (必填)			

我们的联系方式:

地　址: 苏州工业园区仁爱路158号中国人民大学苏州校区修远楼

电　话: 0512-68839319　　　　传　真: 0512-68839316

E-mail: huadong@crup.com.cn　　邮　编: 215123

网　址: www.crup.com.cn/hdfs